广西海域海籍基础调查综合应用
研究与实践

曾　华　陈鑫婵　等　编著

北　京

内 容 简 介

　　本书对广西海域海籍基础调查的工作思路、方式方法、具体内容、关键步骤和成果进行了系统的归纳与阐述，全方位展示了广西海域海籍基础调查工作全过程、内容及成果。同时在吸收广西海域海籍基础调查工作成果和经验的基础上，结合近年海域海岛管理方向的重大专项工作，在成果信息化管理、围填海资源调查、海域动态监管、海域利用现状分析评价和国土空间规划等方面进行了一定的分析研究。

　　本书适合具备一定国土和海洋管理知识的读者阅读。

图书在版编目（CIP）数据

　　广西海域海籍基础调查综合应用研究与实践/曾华等编著. —北京：科学出版社，2021.3
　　ISBN 978-7-03-067582-8

　　Ⅰ.①广… Ⅱ.①曾… Ⅲ.①海洋调查-研究-广西 Ⅳ.①P712

中国版本图书馆CIP数据核字（2021）第001480号

责任编辑：朱　瑾　郝晨扬 / 责任校对：郑金红
责任印制：吴兆东 / 封面设计：无极书装

科学出版社 出版
北京东黄城根北街16号
邮政编码：100717
http://www.sciencep.com

北京建宏印刷有限公司 印刷
科学出版社发行　各地新华书店经销

*

2021年3月第 一 版　开本：720×1000 1/16
2021年3月第一次印刷　印张：8 1/2
字数：172 000

定价：**128.00元**
（如有印装质量问题，我社负责调换）

《广西海域海籍基础调查综合应用研究与实践》
撰写人员名单

曾　华　陈鑫婵　李　焰　程海燕

李贵斌　吴尔江　张玉琴　杨　成

黄　川　戴　璐

前　　言

习近平总书记提出绿水青山就是金山银山、山水林田湖草是生命共同体的思想。统筹山水林田湖草系统治理，统一开展国土空间用途管制和生态保护修复，需要统一的自然资源基础调查数据。2017年4月19~21日，习近平在广西考察工作时强调，要建设好北部湾港口，打造好向海经济。同年10月，习近平在中国共产党第十九次全国代表大会上作报告时强调"坚持陆海统筹，加快建设海洋强国"。为切实履行部门职能，加快建立自然资源统一调查、评价、监测制度，推进自然资源信息化建设，自然资源部先后印发了《自然资源部信息化建设总体方案》《自然资源调查监测体系构建总体方案》。《自然资源部信息化建设总体方案》指出要建设自然资源"一张网""一张图""一个平台"，并以此为基础构建自然资源调查监测评价、自然资源监管决策、"互联网+自然资源政务服务"三大应用体系。《自然资源调查监测体系构建总体方案》指出要按照自然资源管理的基本需求，组织开展我国陆海全域的自然资源基础性调查工作。我国将构建"统一组织开展，统一法规依据，统一调查体系，统一分类标准，统一技术规范，统一数据平台"的"六统一"自然资源调查监测体系，彻底解决各类自然资源调查数出多门的问题，全面查清各类自然资源的分布状况，形成一套全面、完善、权威的自然资源管理基础数据成果。

2017年以来，国家海洋局①先后组织了县级海域使用动态监视监测管理能力建设、海洋督察、围填海现状调查、海岸线调查统计、无居民海岛补充填报和养殖用海调查等对海域利用状况进行专项督察和调查。2014~2017年广西壮族自治区海洋局共计投入550万元，组织实施广西海域海籍基础调查工作，历时三年对广西开展全域全覆盖的海域海籍基础调查，是对广西海洋全域包含陆海相接部分区域的海洋资源进行的基础性调查和监测，是从海洋的角度构建国土和海洋资源调查及监测统一体系的一次探索与实践。本书对广西海域海籍基础调查的工作思路、方式方法、具体内容、关键步骤和成果进行了系统的归纳与阐述，并且在吸收广西海域海籍基础调查工作成果和经验的基础上，结合近年海域海岛管理方向

---

① 2018年3月，根据第十三届全国人民代表大会第一次会议批准的国务院机构改革方案，将国家海洋局的职责整合；组建中华人民共和国自然资源部，自然资源部对外保留国家海洋局牌子；将国家海洋局的海洋环境保护职责整合，组建中华人民共和国生态环境部；将国家海洋局的自然保护区、风景名胜区、自然遗产、地质公园等管理职责整合，组建中华人民共和国国家林业和草原局，由中华人民共和国自然资源部管理；不再保留国家海洋局。

的重大专项工作，在成果信息化管理、围填海资源调查、海域动态监管、海域利用现状分析评价和国土空间规划等方面进行了一定的分析研究，对尚未明确规定或有待进一步完善的方面做了一些引导性的探讨。为实现自然资源统一调查，建立以自然资源分类标准为核心的自然资源调查监测标准体系，为研究提供理论基础；为向海洋资源调查从业人员普及和展示海洋资源调查全过程，分享工作经验和成果；探索解决标准不一和空间重叠问题。本书对海域海籍基础调查与实践的研究还仅处于探索或初步研究阶段，阐述的诸多理论、观点还需在海域使用管理工作实践中不断地去补充和完善。

本书由广西壮族自治区海洋研究院组织编写，作者衷心感谢为本书编辑出版作出贡献的科技工作者，感谢广西壮族自治区自然资源厅、广西壮族自治区海洋局、广西壮族自治区海洋研究院等单位领导的大力支持。由于编著者水平有限，书中不足之处在所难免，敬请同行专家和读者不吝赐教。

编著者

2020年12月于南宁

目　　录

上篇　海域海籍基础调查实践

下篇　海域海籍基础调查成果应用研究

上 篇

海域海籍基础调查实践

第1章 绪 论

1.1 广西海域空间资源利用现状

广西作为"一带一路"有机衔接的重要门户，具有沿海、沿边又沿江的独特优势。北部湾经济区作为我国沿海发展新的增长点，是一个包括陆海交替的巨型复杂综合体，综合体内部的生态、环境、资源、经济协调发展与监管有着极其重要的战略意义。在"既要金山银山，也要绿水青山"的双重压力下，海域、陆域及陆海过渡带，特别是复杂关键区域（即海岸带的"带中带"，就像城市综合体中的"城中城"）陆海统筹监管关键技术研究已刻不容缓。

广西地处我国华南地区，陆地面积为23.76万 km^2，其中沿海地区土地总面积为20 299 km^2，占广西陆地面积的8.5%。广西沿海地区位于北部湾北部，处于我国18 000多公里大陆海岸线最西南岸段海域，以英罗港为起点，沿铁山港、北海港、大风江、钦州湾、防城港、珍珠港等沿岸，西对北仑河口，沿海有北海市、钦州市、防城港市等三个地级市，构成新月形中枢地带。

1.1.1 广西海域资源概况

1. 海洋空间、海岸资源

广西濒临的北部湾海域面积约为12.93万 km^2，拥有海岸线1595km，在全国11个沿海省份排第6位，管辖的海域面积约为3万 km^2，沿海岛屿646个，岛屿面积为119.9 km^2，空间资源开发潜力巨大。广西海岸线迂回曲折，港湾水道众多，天然屏障良好，多溺谷、港湾，素有"天然优良港群"之称；岛屿岸线长558.4km，规划宜港岸线267km，其中深水岸线约200km。广西除与广东、海南和越南共享北部湾及南海海域空间资源外，其沿海还拥有滩涂约1005 km^2，20m水深以内的浅海约6000 km^2，目前，海洋空间资源的利用率极低，发展海洋产业大有可为。

2. 港口资源

可开发泊靠能力万吨以上的有北海港、铁山港、防城港、钦州港、珍珠港等多处，可建10万吨级码头的有钦州港和铁山港等；除防城港、北海港、钦州港三个中型深水港口之外，可供发展万吨级以上深水码头的海湾、岸段还有10多处，如铁山港的石头埠岸段、北海的石步岭岸段，涠洲南湾、钦州港的勒沟、防城港的暗埠江口、珍珠港等，可建万吨级以上深水泊位100多个。而且沿海港湾水深，不冻、淤积少，掩护条件良好，具有建港口的良好条件，开发利用潜力很大，随着南昆铁路的建成运行，作为海上通道口的港口建设将进一步加快。

3. 海洋旅游资源

广西海洋旅游资源在全国排名第6位，优势在于岛、湾、滩、山、河、边集聚在直线距离不到180km长的海岸线上，沿海分布着众多的红树林、珊瑚礁、火山岛等海洋自然景观，融入丰富的历史人文、文化古迹和少数民族风情等海洋文化元素，是理想的休闲度假、观光体验地。目前，银滩、金滩、涠洲岛、红树林、三娘湾、龙门群岛等景观已经成为全国知名景点，是打造北部湾国际旅游度假区的重要基础。

4. 海洋能资源

北部湾可利用的风能和潮汐能资源丰富，海洋能源的总储量达92万kW，其中白龙尾半岛（也称浮水洲岛）附近为沿海的高风能区，年平均有效风能达1253kW·h/m^2，涠洲岛附近海域年均有效风能为811kW·h/m^2，可开发利用的潮汐能源有38.7万kW，可建设10个以上风力发电场和30个潮汐能发电点，发展潜力大。

5. 海底矿产资源

北部湾是我国沿海六大含油盆地之一，油气资源蕴藏量丰富，石油资源量为16.7亿t，天然气（伴生气）资源量为1457亿m^3。北部湾海底沉积物中含有丰富的矿产资源，已探明28种，以石英砂矿、钛铁矿、石膏矿、石灰矿、陶土矿等为主，其中石英砂矿远景储量为10亿t以上，石膏矿保有储量为3亿多吨，石灰矿保有储量为1.5亿t，钛铁矿地质储量近2500万t，对于广西经济的发展起到重要的保障作用。

有人把海洋比喻成"百宝箱"，丰富的海洋资源具有巨大的经济价值和社会价值。

1.1.2　广西海域空间资源利用概况

1. 海域开发使用情况

截至2017年，广西海域使用总面积为679 121.3484hm^2，主要包括海域使用权属面积、公共用海面积、其他利用现状总面积。其中，其他利用现状包括耕地、园地、林地、草地、商服用地、工矿仓储用地、住宅用地等。

2. 海岸线利用情况

据调查，2018年广西海岸线总长度为1705.93km，海岸线利用类型主要分为渔业岸线、工业岸线、港口岸线、旅游岸线、城乡建设岸线、其他利用岸线和未利用岸线，其中广西海岸线利用现状类型中最长的是渔业岸线，约占总岸线的60%。另外，根据岸线自然资源条件和开发利用程度将广西海岸线划分为严格保护、限制开发、优化利用三种保护类别，其中优化利用岸段占比较大，为42.72%。

3. 用海类型情况

广西用海类型主要包括渔业用海、工业用海、交通运输用海、旅游娱乐用海、海底工程用海、排污倾倒用海、造地工程用海、特殊用海、其他用海。其中，用海规模较大的为渔业用海，其次为工业用海、交通运输用海，约占用海总面积的90%以上。

4. 用海方式情况

广西用海方式主要包括填海造地、构筑物、围海、开放式养殖用海和其他方式五大类。目前，广西用海方式以开放式养殖用海为主，其次为填海造地，这与广西主要用海类型渔业用海、工业用海、交通运输用海相吻合。

1.2 广西海域海籍基础调查工作的提出

1.2.1 21世纪是海洋世纪，发展海洋事业已成为全世界的一种广泛共识

联合国指出，21世纪是海洋世纪。海洋与全球历史发展命运息息相关。海洋经济在沿海各国经济比重中都占有重要地位，国际贸易的互通有无主要依赖海路来实现。

在17世纪，荷兰依托独特的地理区位优势成为欧洲大陆货物的主要通道口，进而成为世界上最早的海洋强国之一；17世纪末到19世纪，英国在殖民扩张的基础上，凭借工业革命和军事手段由区域性海洋霸权发展成为全球性海洋霸权；19世纪末到20世纪，由于生产力的变革，得益于海洋强国思想、国家资本主义垄断与帝国主义的发展、海洋战略联盟的建立和军备扩张与海军力量的建设，第三次工业革命取代了英国的工业革命，美国成为世界海洋强国。

进入21世纪后，海洋事业发展的形势发生了深刻的变革，和平统一成为全球发展的主题。尤其是随着科学进步的不断发展，海洋开发利用成为各国经济竞争的

重要手段，世界主要海洋国家纷纷加强和调整海洋政策。美国方面，2000年美国国会通过了《2020海洋法令》，2004年出台《21世纪海洋蓝图》《美国海洋行动计划》，2017年发布新海军水面舰艇部队战略白皮书《重返海洋控制》；俄罗斯方面，2001年出台《2020年前俄罗斯联邦海洋学说》，2010年出台《2030年前俄罗斯联邦海洋发展战略》；日本方面，2001年提出了国家海洋政策的基本框架，2005年发布《海洋与日本：21世纪海洋政策建议》，从2008年开始每隔5年更新《海洋基本计划》。另外，韩国、印度、英国、越南等国家也积极探索和发展海洋强国之路。我国是在2012年中国共产党第十八次全国代表大会的报告中首次明确提出"提高海洋资源开发能力，发展海洋经济，保护海洋生态环境，坚决维护国家海洋权益，建设海洋强国"，这是我国首次把海洋经济发展战略摆在突出的位置。中国共产党第十九次全国代表大会的报告指出，"坚持陆海统筹，加快建设海洋强国"。随后，国家领导人多次在重要会议上强调要重视发展海洋经济，海洋经济成为沿海各省、市当前及未来很长一段时间内的发展重点。

1.2.2 国家海洋战略地位不断升级，我国海洋开发步伐不断加快

中国共产党第十八次全国代表大会以来，习近平总书记高度重视我国海洋事业的发展，发表了一系列重要论述，从国家安全、经济建设、国际合作等方面阐明了海洋强国的重要意义，为海洋强国建设指引了方向。

2013年7月30日，习近平在中共中央政治局第八次集体学习时强调，建设海洋强国是中国特色社会主义事业的重要组成部分。要提高海洋资源开发能力，着力推动海洋经济向质量效益型转变；要提高海洋开发能力，扩大海洋开发领域，让海洋经济成为新的增长点；要保护海洋生态环境，着力推动海洋开发方式向循环利用型转变；要发展海洋科学技术，着力推动海洋科技向创新引领型转变；要维护国家海洋权益，着力推动海洋维权向统筹兼顾型转变。2017年10月18日，习近平在中国共产党第十九次全国代表大会上作报告时强调"坚持陆海统筹，加快建设海洋强国"。2017年4月19～21日，习近平在广西考察工作时强调，要建设好北部湾港口，打造好向海经济。我们常说要想富先修路，在沿海地区要想富要先建港。2018年3月8日，习近平在参加十三届全国人大一次会议山东代表团审议时强调，海洋是高质量发展战略要地。要加快建设世界一流的海洋港口、完善的现代海洋产业体系、绿色可持续的海洋生态环境，为海洋强国建设作出贡献。

同时，在海洋战略地位不断提升的背景下，中央及地方认真贯彻落实全国海洋经济规划部署，多方协调统筹推进，推动我国海洋开发步伐不断加快，海洋经济对经济发展的贡献度不断提升、影响力不断扩大。2017年全国海洋生产总值为77 611

亿元，相比2010年几乎翻了一番；海洋生产总值占国内生产总值的9.4%，占比连续8年超过9%，海洋经济总量持续增长，海洋经济三次产业结构由2010年的5：47：48转为2017年的4.6：38.8：56.6，产业结构不断优化。目前我国已经形成北部海洋经济圈、东部海洋经济圈、南部海洋经济圈的海洋经济发展格局，海洋渔业、海洋装备制造业、海洋生物医药业、海洋可再生能源开发、海水利用、涉海金融服务业、海洋科研教育业等得到全面发展，发展势头强劲。同时，根据2018年11月22日发布的《2018中国海洋经济发展指数》，2010～2017年，中国海洋经济发展指数年均增长3.8%。其中，发展水平指数为127.4，发展成效指数为123.3，发展潜力指数为139.6，分别比上年增长5.6%、1.8%、5.4%，海洋经济发展潜力巨大。

1.2.3 海域管理任务和压力日益增加，对全面、准确、及时掌握海域使用权属关系提出了更高的要求

当前，大数据已成为国民经济和社会发展的基础性、战略性资源。自《中华人民共和国海域使用管理法》实施以来，海域使用管理工作取得了显著成效，但随着海洋经济的日益发展，近岸海域用海需求和海域使用开发强度进一步加大，海域资源约束趋紧，行业用海矛盾日益突出，海域管理任务和压力日益增加，对海域基础数据、海域综合大数据的挖掘和运用提出了更全面、更迫切的要求。主要表现在：海域使用权属收集不全，数据不够全面准确，部分存在用海范围重叠、坐标系不统一等问题；某些具有公益性用海特征和明确使用功能，但没有特定的海域使用权人的公共用海，如公共浴场、公共港口、公共路桥、海洋保护区、海岸防护工程等数据掌握不全；沿海岸线周边既未确权发证又不属于公共用海的如滩涂、红树林等自然资源和传统养殖虾塘、历史空闲地等土地利用情况没有掌握，这些均不利于全面、系统地掌握广西沿海海域资源利用现状，不利于推进落实节约用海、生态用海的管理要求，一定程度上制约了管理决策的科学、快速响应。为此，开展沿海地区海域资源利用状况调查，摸清海洋海域资源利用家底，掌握海域使用确权数据、公共用海情况和海域其他利用现状，建立起互联共享的调查数据库和管理系统，实现海域海籍资源的信息化管理，为各级政府和相关部门提供准确可靠的海域资源利用基础数据，促进海域资源的科学配置和合理开发，提高海域使用管理规范化、信息化水平，建立健全海洋资源管理制度，更好地为海洋经济发展宏观决策提供科学依据，具有重大的现实意义。

1.3 海域海籍基础调查内涵

海域海籍基础调查主要包括两个方面：海域空间资源调查和海域权属调查（即海籍调查）。

1.3.1 海域空间资源调查

海域空间资源调查，主要是在调查的基础上，更进一步厘清各种海域使用权属数据调查、公共用海调查、其他利用现状调查和大陆自然岸线的分类面积、分布和使用状况，为进行海洋区划、规划、因地制宜地指导渔业生产，全面管理海洋等各项工作任务提供基础依据和建议的一种调查方式。

1.3.2 海域权属调查

海域权属调查即海籍调查，即以宗海为单元进行的，通过调查与勘测工作获取并描述宗海的位置、界址、形状、权属、面积、用途和用海方式等有关信息，为海域使用权出让和确认登记提供基础材料，以便在此基础上进行海域使用权的审批和登记，掌握海域利用现状和变更情况。其中海域权属调查的成果包括海籍测量数据、海籍调查报告（含宗海图）和海籍图。海籍调查的单元是宗海。宗海是指被权属界址线所封闭的同类型用海单元（类型指海域使用类型中的二级类），同一权属项目用海中的填海造地用海应独立分宗。宗海内部单元是指宗海内部按照用海方式划分的海域。界址点是指用于界定宗海及其内部单元范围和界线的拐点。

海域权属调查的内容包括权属核查、宗海界址界定、海籍测量，以及宗海图和海籍图绘制等。

（1）权属核查。根据《海域使用权管理规定》，受理机关收到项目用海申请材料后，应当组织现场调查和权属核查，并对项目用海是否符合海洋功能区划，申请海域是否设置海域使用权，申请海域的界址、面积是否清楚等问题进行审查。所以权属核查的主要内容是对宗海海域使用权的归属进行调查核实，包括调查宗海的申请人或使用权人、用海类型、用海方式、坐落位置以及与相邻宗海的位置和界址的关系等。权属核查的方法是对本宗海的申请人和相邻宗海业主就相关的界址点、线在现场共同完成指界核实，核查结束后，将核查结果记录在"海籍调查基本信息表"相关栏目中。其中用海类型、用海方式的界定应依据《海域使用分类》（HY/T 123—2009）标准的规定和分类原则确定。

（2）宗海界址界定。宗海界址界定是指在遵循和尊重用海事实、用海范围适度、节约岸线、避免权属争议、方便行政管理的原则上，第一，先根据本宗海的使用现状资料或最终设计方案、相邻宗海的权属与界址资料以及所在海域的基础地理资料，按照有关规定，确定宗海界址界定的事实依据；第二，按照海域使用分类的相关规定，确定宗海的海域使用一级和二级类型，判定宗海内部存在的用海方式；第三，在宗海内部，按不同用海方式的用海范围划分内部单元；第四，综合宗海内部各单元所占的范围，以全部用海的最外围界线确定宗海的平面界址。另外，遇特殊需要时，应根据项目用海占用水面、水体、海床和底土的实际情况，界定宗海的垂向使用范围。

（3）海籍测量。海籍测量的主要内容包括平面控制测量、界址点测量或推算。海籍测量的对象是界址点及其他用于推算界址点坐标的标志点。一般海籍测量的方法主要有信标差分GPS法、自设岸台差分GPS法、全站仪极坐标法、测距仪与经纬仪交会法。

（4）宗海图是海籍测量的最终成果之一，也是海域使用权证书和宗海档案的主要附图。宗海图包括宗海位置图和宗海界址图。宗海位置图用于反映宗海的地理位置；宗海界址图用于清晰反映宗海的形状及界址点分布。宗海图精确记载宗海位置、界址点、界址线及其与相邻宗海的关系，是申明海域使用权属的重要依据。海籍测量结束之后，应依据"海籍现场测量记录表"、"界址点坐标记录表"和"宗海及内部单元记录表"等绘制宗海图，修订海籍图。

（5）海籍图是所在辖区海域使用管理的重要基础资料，反映所辖海域内的宗海分布情况，海籍图一般包括已明确的行政界线、毗邻陆域要素（岸线、地名等）、明显标志物、各宗海界址点及界址线、登记编号或项目名称、海籍测量平面控制点、比例尺及必要的图饰等。其中，海籍图采用分幅图形式，并采用图幅接合表表示，海籍图分幅可与工作底图的分幅一致，也可根据当地海域实际情况采用自由分幅形式。

1.3.3　海域海籍基础调查概念的延伸

随着研究的深入和海洋事业发展的需求，广西海域海籍基础调查的内涵也在不断地发展和延伸，从一开始的海域利用现状调查和海域权属调查，到对海域海籍基础调查成果的综合应用研究和实践研究，更加注重充分挖掘和利用现有海域利用统计数据，发现海域使用现状中存在的问题和海域使用变化规律，以满足海域使用管理的需要，促进海洋事业的可持续发展。

1.4 广西海域海籍基础调查目的与意义

1.4.1 海域海籍基础调查是海域权属管理的重要基础

通过实施海籍基础调查，将海域的坐落位置、权属界线、面积、性质、使用情况、等级、使用金及海域权利等项目，按照法定的权属核查、海籍及海域使用登记的程序，整理形成海籍簿册，作为海域管理施政和保护海域使用权益的依据，可为制定海域管理政策、科学调控海域供需、合理利用海域资源、促进沿海经济可持续发展提供保障。依据《海域使用权管理规定》《海域使用权登记办法》中的用海申请审批流程，在海籍基础调查与管理工作中建立了记载各项目用海的位置、界址、权属、面积、用途、使用期限、海域等级、海域使用金征收标准等基本情况的海籍资料，是为海域使用申请审批、登记等管理工作提供依据材料的基础性工作，也为海域使用权抵押、租赁、招标拍卖等工作提供依据。此外，掌握准确的海籍基础信息，对于调解处置日益增加的海域权属纠纷、化解用海矛盾、创造和谐用海环境具有积极意义。

1.4.2 海域海籍基础调查利于建立完善的海籍管理制度

海籍管理是国家为了取得有关海籍资料和全面研究海域权属、自然和经济状况而采取的以海籍基础调查、海域使用权登记、海域使用权属争议调处、海域使用统计、海域使用动态监测、海籍档案管理等为主要内容的国家措施。海籍管理需要定期开展海籍调查，整理海域和海岛权属的基础资料，为制定海籍管理办法、完善海籍管理制度、逐步规范海籍管理程序奠定了坚实的基础。随着海域开发利用活动的增加、海域使用权流转的频繁，对全面、准确、及时掌握海域使用权属关系提出了更高的要求。海籍管理的相关制度建设急需进一步加强和完善。因此，做好海籍基础调查工作对于建立完善的海籍管理制度尤为重要。

1.4.3 海域海籍基础调查促进海域资源科学配置和合理开发

通过海籍基础调查，海洋管理部门可以掌握动态变化的海籍信息，为海籍管理提供现代化技术手段，为促进海域管理奠定坚实的基础依据。同时，通过定期开展海籍调查，及时了解、掌握海域利用现状和海籍资料变更情况，分析海域利用在国民经济各产业的分布，获取海域用量和存量数据，评价海域资源和资产，可以实现科学用海、依法管海，有利于提高沿海地区海洋资源开发利用和海域使用管理的科学性与规范性，有利于制定海域管理政策、科学调控海域供需、合理利用海域资源，有利于提高海域资源综合利用率，提高海域国有资产的价值，加快海洋经济发展。

1.4.4 海域海籍基础调查为海洋生态环境保护和海洋防灾减灾提供基础数据

随着海洋经济持续快速发展，对海洋开发利用的程度将不断深化，伴随而来的还有海洋生态环境和海洋防灾减灾等问题。而海域资源是稀缺的、不可再生的公共资源，是海洋经济发展的物质基础和载体。由于海域资源不可再生这一特性，其环境承载力并非无限。尤其是近年来，我国沿海地区在海域开发利用中存在诸多问题，包括用海矛盾突出、海域空间资源和海岸线利用粗放、围填海活动过快过热、海域生态环境持续恶化、海洋灾害频发等。因此，要坚持节约集约开发，避免破坏和浪费，实现可持续利用，实现海域资源保障发展、保护资源的目标，海籍基础调查是重要前提。海籍基础调查工作必须进一步深化和细化，全面加强资源调控能力，从而更好地为海洋生态环境保护和海洋防灾减灾提供支撑服务。

1.4.5 海域海籍基础调查为海洋经济发展提供支撑依据

通过完善的海籍基础调查，能准确了解海域利用现状、等级分布和变更情况，获取海域用量和存量数据，系统掌握和科学利用这些资料，分析海域在经济各产业中的分布，评价海域资源和资产，是国家及沿海地区制定海洋可持续发展规划、海洋发展政策和海洋主体功能区划的基本依据，是组织海洋开发与保护活动的基础，有利于指导海洋开发与保护活动，进行各项效益开发，将海域的资源优势转变为海洋经济优势。此外，海籍基础调查是确认海域权属、界址、海域资源状况等的重要依据，清晰的海域产权关系对于促进海域产权流转、实现海域价值具有积极意义。

1.5 广西海域海籍基础调查特点

1.5.1 调查覆盖范围更广

广西海域海籍基础调查范围为海岸线向海一侧全域全要素调查，调查覆盖范围和类型区别于以往的调查，调查范围覆盖广西海洋功能区划确定的广西管辖海域范围，调查内容包括海域使用权属、公共用海、海岸线和海域其他利用现状。

1.5.2　在陆海综合体监管指导下开展

广西海域海籍基础调查工作的目标是实现海域海籍资源信息化管理与社会化服务，满足广西经济社会发展及海洋资源管理的需要。其立足点不只限于基础调查，不只满足于资源的调查，而是在陆海综合体监管海域空间资源开发与利用的生产、生活活动基础上开展的。

1.5.3　探索形成一套海域海籍基础调查规范体系

广西海域海籍基础调查作为全国首个开展海域海籍全域全要素基础调查工作的省（区），其调查面广，调查对象复杂，调查内容丰富。除完成调查成果外，项目组在工作过程中还摸索形成了一套海域海籍基础调查规范体系，包括《广西海域海籍基础调查工作细则》《广西海域海籍基础调查数据库标准》《广西海域海籍基础调查成果检查验收实施细则》《广西海域海籍基础调查成果档案管理办法》等技术规范和文件。

第2章　广西海域海籍基础调查理论体系

2.1　陆海综合体理论

为解决陆海传统单一空间与资源、信息孤岛和陆海分离管控等问题，提出陆海综合体的理念。陆海综合体是一个包括陆域、陆海交替的潮间带及海域海岛的一个复杂特殊区域，是一个资源丰富、人类活动频繁、信息庞大的生态综合体与生产综合体复合的复杂综合体。

根据陆海空间特点，以及人类活动主导行为，可将其划分为生态、生活、生产三类综合体。

生态综合体是一种以生态保护为目的的空间划定形态，主要由自然条件、湿地、河流、生态物种等与生态保护息息相关的自然要素构成，通过有机组合，划定其空间保护范围，确立生态保护内容与条件。

生活综合体是一种新兴的人居生态导向型的海陆综合利用方式，是人工要素与传统资源、人文生态、居住环境等相关联要素的集合，它包含人文文化系统、社会系统、居住系统和支撑系统四大要素，通过系统组合构筑在一个特定区域的人居生态环境体系中。

生产综合体是生产力的一种有效的空间组织形式，由一个或若干个生产枢纽组成的产业集聚区，在枢纽区内部，以经营类企业为核心，各产业依照它们之间的关联程度，依次呈圈层分布，各类原材料和能源在一个区域内进行循环处理，达到资源的最有效利用；同时，这个综合体是一个开放的经济地域系统，体现现代产业的动态开放性。生产综合体包含产业集聚区、经济活动区及其相关配套服务区三大要素。

2.2　陆海综合体动态监管体系

从陆地和海洋资源配置与管理的一体化监管角度出发，深入分析海岸带区域的生产、生活、生态等相关的空间资源开发利用与经济活动，以及动态监管现状，提出陆海综合体的理念；在此基础上，利用多种关键技术构建广西壮族自治区陆海综合体动态监管技术框架。海域海籍基础调查则是陆海综合体动态监管体系获取基础数据的一项重要工作，其形成的成果数据是陆海综合体动态监管体系的核心数据，在此基础上运用地理网格剖分技术、电子证书统一配号技术、差异化数据同步技术、大数据技术、私有云技术等来实现陆海综合体动态监管体系的构建和推广应用（图2.1）。

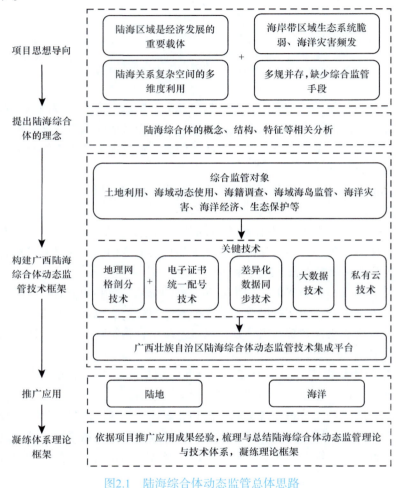

图2.1 陆海综合体动态监管总体思路

2.3 广西海域海籍基础调查理论基础与方法

2.3.1 3S技术

由遥感（remote sensing，RS）、地理信息系统（geographic information system，GIS）和全球定位系统（global positioning system，GPS）构成的3S技术自动化程度

高、时效性强，能够快速、准确地进行少量空间信息数据的获取、管理和分析被广泛应用到国土资源调查与管理、城市规划、车船导航等方面，也是目前大范围调查、区域调查的首选方式，是海域海籍基础调查工作中的关键技术。

3S技术是一个有机的整体，RS用于实时、动态、快速、低成本地提供大面积地表物体及其环境的几何和地理信息与各种变化；GPS用于空间数据快速定位，为遥感数据提供空间坐标，并对遥感数据进行校正和检验；GIS用于对空间数据进行存储、管理、查询、分析和可视化，将大量抽象的统计数据变成直观的专题图和统计报表等，是多源时空数据的综合处理和应用分析平台。集3S技术功能为一体，可构成高度自动化、实时化和智能化的地理信息系统，为各种应用提供科学的决策咨询。

3S技术的结合，实际上是将空间技术、传感器技术、卫星定位与导航技术和计算机技术、通信技术结合，实现多学科、高度集成地对空间信息进行采集、处理、管理、分析、表达、传播和应用。3S集成系统可以自动与实时地采集、处理和更新数据，还能够智能化地分析和运用数据。

2.3.1.1　遥感技术

遥感是指在不直接接触的情况下，利用遥感器对目标或自然现象远距离探测和感知的一种技术，RS具有实时、快速、动态获取大范围地表信息的能力，遥感技术具有获取数据范围大、精度高，获取信息周期短、手段多等特点。在海域海籍基础调查中，遥感技术主要用于海域使用现状宗海的识别和获取地表信息数据制作外业实地调查底图。运用遥感影像解译技术获取的海域使用现状数据预判海域利用信息。它表达两种信息：一是收集资料上的信息与遥感图片上的信息不符；二是遥感图片上有信息而收集资料上没有体现（雷利元等，2011）。

遥感影像解译技术主要运用在以下两个方面：一是判断获批海域使用权的用海项目利用现状。将前期收集到的全区海域使用资料，通过地理信息系统完成宗海界址点的输入，在地理信息系统中将遥感影像图与项目范围线叠加分析，由此预判项目实际用海情况，如是否有超出项目范围填海等情况。这种研究对调查方案的制定、调查路线、调查目标的确定及实施非常具体和高效。二是对未掌握的海域空间资源利用情况进行遥感解译。遥感数据是主要的空间数据来源。运用遥感影像解译技术对多期遥感影像进行图像预处理、图像判读解译，识别如围海养殖水面、红树林等各类地物，获得目标调查区域定性、定量和定位的信息，将其矢量化，形成原始外业底图。

2.3.1.2　全球定位系统

全球定位系统是利用人造地球卫星进行点位测量导航技术的一种。GPS具有定位的高度灵活性和实时性等特点。全球定位系统技术主要用于外业调查时的现场勘察与指界，以及宗海界址点的测量（雷利元等，2011）。使用全球定位系统，能够帮助在外业时迅速准确地到达目标位置，是完成外业工作的最基本方法。

2.3.1.3 地理信息系统

地理信息系统是指在计算机硬件支持下，对具有空间内涵的地理信息进行输入、存储、查询、运算、分析、表达的技术系统，同时它可以用于地理信息系统的动态描述，通过时空构模，分析地理系统的发展变化和深化过程，从而为咨询、规划和决策提供服务。GIS本质就是对不同类的信息进行分析、处理和加工。GIS具有很强的地学分析手段。

地理信息系统主要用于各用海类型专题图层的建立和用海信息的补充修正，同时也是海域使用遥感信息的提取、全球定位系统数据录入与处理、海域使用现状图的编绘、数据管理与分析等的必备手段（雷利元等，2011）。在地理信息系统平台上对海域海籍数据信息进行存储与处理，进行海域海籍数据信息建设，从而全面展示海域海籍基础调查成果。

2.3.2 大地测量学

大地测量学是一门研究和测定地球的形状、大小、重力场和地面点几何位置及其变化的理论与技术的学科（程效军等，2016）。主要运用到外业测量和室内判断项目地理空间位置及范围的准确性中。

结合全球定位系统确定用海项目范围线，确定用海项目范围是否与批复范围一致，用海项目位置坐标是否正确，根据调查成果，实际用海位置与批复的位置坐标不一致大部分是由于坐标发生了偏移，需对发生偏移的用海项目进行坐标转换。

2.3.3 无人机技术

无人驾驶飞行器（unmanned aerial vehicle，UAV）简称无人机，是一种有动力、可控制、能携带多种任务设备、执行多种任务，并能重复使用的无人驾驶航空器（吕厚谊，1998）。无人机技术运用的根本原理是遥感技术，作为近年来新兴且有效的海域使用管理手段，随着无人机技术的发展，无人机遥感技术在海域监管中的作用越来越突显，因此有必要在此对其进行单独介绍。

新兴的无人机遥感技术属于低空遥感范畴，其凭借着灵活性高、时间分辨率强、应用周期短、成本低廉与操作简便等优点有效弥补了传统卫星遥感和载人航空遥感的不足。无人机与遥感技术的结合，即无人机遥感技术主要以获取低空高分辨率遥感数据为应用目标，通过将无人驾驶飞行器、GPS导航技术、高分辨率的传感器等进行集成来建立一种成本低、灵活度高、适用性广的遥感数据获取平台（陈瑞等，2018）。

早期运用无人机技术，是利用其航空摄影成像的功能和无人机飞行特点，对难以进入的区域和用海范围通过低空摄影成像，形成更大范围、更直观的区域影像（与普通手持相机成像相比）。随着无人机遥感技术的发展，无人机技术作为资源管控的有效手段显得越来越重要。目前普遍采用无人机正射影像手段，获取目标区域带空间位置坐标数据的高分辨率遥感影像。

2.3.4　相关规程、标准、政策文件

广西海域海籍基础调查工作严格按照现行相关规范性文件的要求开展，并根据工作的需要对其进行了修改和完善，在此基础上形成了一套广西海域海籍基础调查规范体系。在开展海域权属调查工作时，主要参考《海籍调查规范》（HY/T 124—2009）；在开展其他利用现状调查工作时，主要参考《海域使用分类》（HY/T 123—2009）和《第三次全国国土调查技术规程》（TD/T 1055—2019），坐标系的坐标数据转换参照《大地测量控制点坐标转换技术规范》（CH/T 2014—2016）执行（图2.2）。

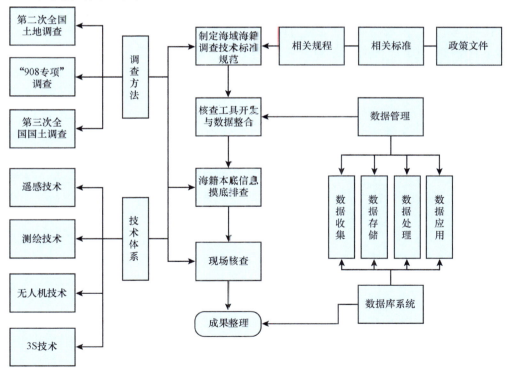

图2.2　广西海域海籍基础调查理论和方法体系

第3章 广西海域海籍基础调查工作基础

3.1 我国海域海籍基础调查发展历程

我国是一个陆海兼备的国家，长期以来，海洋的开发利用一直在进行中。以前由于技术的限制，海洋的开发利用仅限于捕捞、制盐等简单又传统的产业，即所谓"兴渔盐之利、行舟楫之便"。改革开放后，随着我国经济实力的不断增强和技术的不断进步，我国海洋事业得到了全面的发展。但是随着海洋开发力度的加大，部分海洋生态环境受到严重的破坏，海域利用与海洋经济发展之间的矛盾越来越突出，严重制约海洋事业的长期可持续发展。为此，我国开始对海域使用进行规范化管理，经过多年的探索和实践，逐步形成海域使用管理制度的基本框架。2002年1月，我国开始实施《中华人民共和国海域使用管理法》，对海洋功能区划、海域使用申请与审批、海域使用金、海域监督检查与管理等内容作了具体部署。

2002年7月，国家海洋局发布实施了《海籍调查规程》（现已废止），规定了海籍调查的概念及初始海籍调查和变更海籍调查的内容与要求，提出了新的海域使用分类体系，明确了"海籍调查表"和宗海图的格式。这一文件，也为加强国家海域使用管理，促进海域使用管理工作的科学化、规范化和法治化，保护海域使用权人的合法权益，建立健全海籍管理制度，规范海籍测量管理行为提供了依据。此后，还于2008年制定了新的《海籍调查规范》（HY/T 124—2009），增添了海籍权属核查、海籍测量、海域使用面积量算、海域使用年限、宗海界址的界定、宗海图及海籍图绘制等海籍管理相关内容。

2003年9月，国家海洋局组织实施了"我国近海海洋综合调查与评价"专题项目（简称"908专项"）。"908专项"是新中国成立以来，调查项目最多、范围最广、采用技术手段最先进的一项重大海洋基础工程，调查内容多，调查任务重，工作量大。通过"908专项"的实施，首次获取了我国大陆海岸线长度及海岛数量等高精度实测数据，首次获得了准同步、全覆盖的我国近海海洋环境基础数据，首次获取了我国滨海湿地面积数据，首次查明了我国海洋能等新兴海洋资源、近海水资源分布及可开发潜力，首次评价了我国潜在海水增养殖资源、新型潜在滨海旅游资源等一系列成果与数据。"908专项"还组织实施了海洋灾害、海砂资源、海域使用现状、沿海地区社会经济等一系列专题调查，获得了大量第一手资料。"908专项"摸清了海洋家底及其变化与趋势，为我国海洋经济可持续发展提供了技术支撑和科学依据。

2012年7月，国家海洋局海域管理司增设海籍管理处，承担海籍管理制度制定、海域使用权的招拍挂、转让、出租和抵押等监督管理工作，监督指导地方海籍调查工作。海籍管理处的设立，为全面准确掌握海域使用权属状况、科学评价海域资产质量提供了组织保障。

2012年9月，国家海洋局建立的国家海域动态监视监测管理系统通过卫星遥感、地面监视监测等方式来监测我国沿海地区海域开发状况及建设用海的违法情况，系统实现了项目的申报、审批一体化，海域使用状况一目了然，这一系统是我国海籍调查技术进步的重要体现，对规范海域管理发挥了重要作用。

2017年1月，国家海洋局实施《建设项目海域使用动态监视监测工作规范（试行）》《海域使用疑点疑区监测核查工作规范（试行）》《区域用海规划实施情况监视监测工作规范（试行）》三大技术规范，进一步规范了海域动态监视监测。

2017年4月，国家海洋局印发了《海岸线保护与利用管理办法》，这是海洋领域贯彻落实中央全面深化改革任务、加强海洋生态文明建设的重大举措，是坚持五个发展理念、推动沿海地区社会经济可持续发展的必然要求，为依法治海、生态管海、实现自然岸线保有率管控目标、构建科学合理的自然岸线格局提供了重要依据。

2018年10月，自然资源部发布实施《海洋调查标准体系》（HY/T 244—2018），该标准体系划分为3个层次和35个门类标准，涵盖现有、在编和拟编标准298项，为我国海洋经济发展提供了保障。

3.2 海域海籍基础调查经验借鉴

3.2.1 广东省

广东省"908专项"是该省海洋调查历史上投入最大、调查要素最多、规模最大的一次海洋综合调查专项，于2006年7月正式启动，历时5年，2011年3月正式通过验收。广东省"908专项"调查在4000多公里海岸线上铺开，调查范围超过5万km²，覆盖了内水、海岸带和海岛，采集样品数量超过10万份，全面更新了海洋本底数据，重新认识了广东省海洋生态环境。该专项完成各类调查研究报告104本、成果图集78册、资料数据集52套，较为全面地描述了广东省海洋环境、海洋资源、海洋产业、海域使用等基本现状及发展潜力和存在的问题。

广东省"908专项"调查研究成果丰富，首次调查了广东沿海的微生物和重要经济种类的遗传多样性，研究了重点海湾的水动力环境规律，发现了三个低氧区；全面认识了广东省海域使用现状，指出了海域使用的特点和岸线利用状况，分析了海域使用结构和布局；首次对担杆列岛珊瑚礁区进行了珊瑚种类的调查，发现了8个海草床区；掌握了广东省沿岸海岸侵蚀的类型、分布及现状。这些为今后广东省海洋资源开发利用、环境保护和管理等提供了基础数据与资料。

3.2.2　河北省

2006年12月，河北省唐山市乐亭县海洋局开展了乐亭县海籍调查，并在全面查清乐亭县用海情况的基础上建立了乐亭县海籍数据库系统。2009年河北省海洋局在乐亭县海籍调查及信息系统建设的基础上，统一布设了沿海测绘控制网，设计了河北省海籍调查图式图例，并自主开发了河北省海籍调查数据库系统，最终，河北省海洋局遵照有关技术标准，完成了权属核查、海籍测量、海籍图编绘、海籍基础数据库系统建设及海籍调查成果整理，并于2012年顺利通过验收。为了掌握不断变化的海域信息和海籍资料，在海籍初始调查的基础上，河北省海洋局部署了年度海籍变更调查任务。河北省海籍调查和信息系统建设走在了全国前列，为国家海籍管理和下一步进行的全国海籍调查工作积累了宝贵的经验。

3.2.3　江苏省

江苏省连云港市于2007年发布了《海籍调查管理暂行办法》，对连云港市海籍调查的技术要求作了具体规定。同年，连云港市启动海域使用动态监视监测系统建设工作，投资近400万元完成了监管中心的硬件建设，成立了独立编制的海域动态部门，确保了业务化运行的正常开展。在完成市级建设之后，2009年连云港率先启动县级海域动态监视监测体系建设，完成了4个县、区级的海域动态监管三级业务机构，壮大和完善了市、县两级动态监管队伍，县、区级中心全部参照市级标准完成监管中心的硬件建设。通过硬件的不断完善、工作思路的不断创新、业绩成果的不断积累，连云港市在2009年、2012年、2014年三次被评为"国家海域动态系统运行优秀单位"。自海域动态监管系统运行以来，连云港市海域动态监管工作水平一直位于全国地级市前列。

3.2.4　浙江省

浙江省自2007年开展海岸线调查，组织国家海洋局第二海洋研究所编写了《海岸线修测技术规程》。2015年，根据浙江实际需要，又编制了《浙江省大陆海岸线调查技术导则》《浙江省海岛岸线调查技术导则》，完成该省沿海地区大陆海岸线调查指导工作，为全面掌握海岸线资源的基本状况和变化趋势、提升岸线管理水平提供了重要支撑。2017年，浙江省《海岸线调查统计技术规范》正式实施，旨在为该省海岸线调查统计、合理开发、综合管理等提供全面技术支撑。《海岸线调查统计技术规范》是在完成大陆海岸线调查与统计的基础上，由国家海洋局第二海洋研究所、浙江省第一测绘院共同编制，以科学、适用、规范为基本原则，内容涵盖海岸线分类体系、调查内容、技术方法、成果和统计分析，具体分为范围、规范性引用文件、术语和定义、分类界定、调查、统计分析6个章节。

3.3　全国国土（土地）调查

3.3.1　第二次全国土地调查（广西）

土地调查是查实土地资源的重要手段，也是后续开展土地利用及社会经济发展决策的基本依据。1984～1996年完成第一次全国土地调查后，土地利用状况发生了很大变化，原有的土地调查数据成果难以继续满足社会发展的需要。为此，根据国务院要求，第二次全国土地调查（二调）于2007年7月全面启动，于2009年完成，主要任务是查清全国各类土地利用状况。主要是查清基本农田状况、城乡各类用地状况、各类土地的所有权和使用权状况，掌握真实的土地基础数据，完善土地调查、统计和登记制度，建立土地利用数据库和数据更新制度，推进土地信息分析应用和社会化服务。因此第二次全国土地调查既是摸清土地资源家底的一项伟大工程，更是科学规划、合理利用土地及落实保护耕地制度的前提（赵东军，2008）。归纳起来，第二次全国土地调查的内容为"三项调查和一项建设"，即农村土地调查、城镇土地调查、基本农田调查和土地调查数据库及管理系统建设，侧重在陆地土地资源的调查。

广西于2007年7月开始全面开展二调，并以2009年12月31日为标准时点进行了数据汇总。与"一调"相比，"二调"首次采用了统一的土地利用分类国家标准，首次采用了政府统一组织、地方实地调查、国家掌控质量的组织模式，首次采用了覆盖全区的遥感影像调查底图，实现了图、数、实地一致，做到了全面、真实、准确。"二调"查清了广西土地的地类、位置、范围、面积、分布等利用状况，得到了真实准确的市、县、乡镇、村各级各类土地利用现状数据，掌握了各类土地资源的家底。目前，广西已完成土地利用基础数据库建设，构建了广西土地管理空间数据基础平台，建立了土地变更调查新机制，实现了常态化土地利用变化监测，建成了国土资源管理"一张图"和综合监管平台，开创了广西"以图管地"的新局面。

第二次全国土地调查是广西海籍基础调查项目的重要前提，为后期开展广西海籍基础调查工作提供了丰富的工作经验及技术指导。

3.3.2 第三次全国土地调查（广西）

国土调查是一项重大的国情国力调查，是查实、查清土地资源的重要手段。自2018年1月开始，广西开始启动第三次全国土地调查（三调），它是在第二次全国土地调查成果基础上，在广西范围内以优于1m分辨率的遥感影像为基础，实地调查土地的地类、面积和权属，全面掌握耕地、园地、林地、草地、商服用地、工矿仓储用地、住宅用地等地类分布及利用状况；建立覆盖自治区、市、县三级集影像、地类、范围、面积和权属为一体的土地调查数据库，完善各级互联共享的网络化管理系统。同时，"三调"对存在相关部门管理需求交叉的耕地、园地、林地、草地、养殖水面等地类的利用现状、质量状况和管理属性进行标注，绘制自然资源"一张图"底图，为今后叠加水资源、草原资源、森林资源和湿地资源等自然资源的调查成果，实现山水林田湖统一确权登记，统一数字化、信息化管理奠定基础。

3.4 "908专项"调查

"908专项"是新中国成立以来调查项目最全、采用技术手段最先进、投资最大的重大海洋基础工程。专项内容包括我国近海海洋综合调查、我国近海海洋综合评价和中国"数字海洋"信息基础框架构建三大任务。

广西近海海洋综合调查与评价专项（简称广西"908专项"）是国家同名专项的重要组成部分，也是广西迄今为止规模最大、学科综合度最高、参加单位最多、运用技术和装备最先进、投入经费最大的涉海综合性调查。

广西"908专项"任务目标是以发展海洋经济为主题，以推动广西经济社会建设、促进海洋经济可持续发展、加强海洋资源科学管理为着眼点，通过全面调查、综合分析、科学评价，摸清广西近海海洋的家底，构建广西"数字海洋"信息基础框架。广西"908专项"工作从2005年起步实施，编制了总体实施方案，完善了各项制度，协调解决了主要问题，按计划有条不紊地全面推进，至2011年1月，已经完成了调查资料与成果汇交、地质样品和生物样品汇交、质量评估、成果验收等工作，取得了丰硕的成果。其中，广西"908专项"收获了13本专题总报告、60本专题子报告、13本图集（含分布图、现状图、变迁图、评价图、规划图等），完成了1055个站位调查，取得了地质、地形、水文、化学、生物调查数据，构建了广西近海"数字海洋"信息基础框架（表3.1）。

表3.1　广西 "908专项" 调查成果

专题类型	专题名称	任务性质
调查专题	广西近岸海域生物（生态）和化学调查	国家任务
	广西海岛综合调查	国家任务
	广西海岸带综合调查	国家任务
	广西海域使用现状调查及广西海域开发利用总体评价与规划	国家任务
	广西沿海社会经济基本情况调查	国家任务
	广西重点生态区综合调查	广西增设
	广西重点港湾测绘及动力沉积调查与研究	广西增设
	广西北仑河口综合调查及评价	广西增设
	广西潜在滨海旅游区评价与选划	国家任务
	广西潜在海水增养殖区评价与选划	国家任务
评价专题	广西红树林和珊瑚礁等重点生态系统综合评价	广西增设
	广西海岛、海岸带开发活动的环境与生态效应评价	广西增设
	广西近海环境与生态综合评价	广西增设
	广西红树林湿地生态环境演化及其脆弱性评价	国家增设
数字专题	广西近海 "数字海洋" 信息基础框架构建	国家任务

广西 "908专项" 除完成国家规定的调查与评价任务外，在以下几方面取得了创新性研究成果。

（1）全面、系统凝练了广西近海海洋环境与资源基本现状。整合了国家 "908专项" 在广西近海区块和广西 "908专项" 近岸海域调查取得的资料，整体展现了广西近海水文、海水化学、海洋生物、沉积物、海底形貌特征及分布规律。

（2）近50年来广西大陆岸线变迁及其与人类活动的关系。在海图、遥感影像解译的基础上，结合岸线修测最新成果和海域使用、海洋社会经济调查成果，综合分析了近50年来广西大陆岸线变迁特征及其与人类围填海和海堤建设的关系。

（3）岸线变迁对重点港湾冲淤演变的影响。通过重点港湾大比例尺地形、岸线分布调查结果与1994年地形、岸线分布资料的对比，揭示广西珍珠港、防城港、钦州港和铁山港区海底冲淤变化及其与岸线变化的关系。

（4）潮间带环境质量变化及其与人类活动的关系。在取得潮间带沉积物精细重金属化学资料、确定污染组合分区的基础上，通过与沿海地区主要人类活动因子对比，揭示了自20世纪80年代以来广西近海重金属污染与人类活动的关系。

（5）广西红树林生态系统演化、脆弱性及其与人类活动的关系。在综合分析红树林生态系统调查资料的基础上，结合红树林沉积物演化记录和人类活动资料，揭示近百年来广西典型红树林生态系统的衰退特征及其与人类砍伐活动的关系，并客观评价了广西红树林生态系统的脆弱性。

（6）广西北仑河口岸滩保护方案的泥沙冲淤效应。采用数值模拟方法对北仑河口围填的泥沙冲淤效应研究表明，在红沙头围填能够引起每年1～4cm的淤积量，进而提出在红沙头围填造地或植红树林保护北仑河岸滩稳定的最佳方案。

（7）潮间带微地貌动力成因分类。利用遥感解译和现场剖面调查资料，根据各个地貌单元的现代动力地貌过程，分为侵蚀的、侵蚀堆积的、堆积的三种成因类型，实现广西潮间带动力地貌五级分类。

（8）广西近岸海域重矿物资源评价。利用广西"908专项"、"海岸带调查"和"重点港湾大比例尺测绘及沉积动力学研究"专题取得的近岸沉积物碎屑矿物鉴定成果，对广西近岸海底的钛铁矿和锆石矿物资源潜力进行评价。

（9）广西"数字海洋"基础框架搭建。开发了广西海洋生物多样性信息系统、广西海洋工程建设项目评估支持信息系统和广西北仑河口海洋权益维护信息系统，建立了8个专题数据库。

2012年10月26日，"908专项"在北京顺利通过总验收，填补了我国海洋调查资料的空白，取得了丰硕的成果，形成了《海岛调查技术规程》《海域使用现状调查技术规程》等一系列规范性文件。随着广西"908专项"工作的继续深入和任务的最终完成，广西已积累了大规模进行海洋调查的工作经验与成果，这些丰硕的成果必定在海域海籍基础调查工作中发挥积极的作用。

3.5　小　　结

通过开展第二次、第三次全国土地调查，"908专项"等系列调查，在借鉴广东、浙江、江苏等部分沿海地区海籍基础调查工作经验的基础上，广西推进实施了广西"908专项"调查、广西海岸线调查统计等各类涉海专项调查工作，通过采用科学的技术方法、高效的组织模式、严格的质量监督，全面完成了海域使用确权调查、公共用海调查、其他现状地类调查、岸线专项调查和海域海籍基础调查数据库建设等具体任务，查清了广西用海方式，海域使用类型，公共用海、沿海滩涂、养殖池塘、红树林、河口水域等各类用海的数量、权属、分布和利用状况，成果将广泛应用于海洋管理工作的方方面面，为开展广西海域海籍工作奠定了坚实的基础，为政府宏观决策提供了科学依据。

第4章 广西海域空间资源调查实践

4.1 海域空间资源调查内涵

海域（sea area）是指一定界限内的海洋区域[《海洋学综合术语》（GB/T 15918—2010）]。

海洋空间资源（ocean space resource）是与海洋开发有关的海岸、海面、海中和海底空间的总称。

海洋空间利用（utilization of ocean space）是将海岸、海面、海中和海底空间用作交通、生产、储藏、军事、居住、科研和娱乐场所等的海洋开发利用活动[《海洋学术语 海洋资源学》（GB/T 19834—2005）]。

目前，国内专家学者多数提出海洋空间资源的概念，但只是利用其部分性质进行研究和分析，未有明确的定论，而海域空间资源的概念更鲜有提及，其界定较为模糊。王淼等（2012）在《海域使用权分层确权及其协调机制研究》中提出"海洋空间资源包括海洋水体垂直上方的大气、下方的海土、海床和中间的海水三个部分"。海域作为海洋空间资源，是其他海洋自然资源的载体，海洋使用活动均离不开对海域的占用（张宏声，2004）。

在海洋行政管理部门中，海域空间资源的概念主要是在海域动态监视监测业务中提及，《关于全面推进海域动态监视监测工作的意见》（国海管字〔2011〕222号）中提到"（一）海域空间资源监视监测。省、市监管中心要充分利用国家监管中心提供的卫星遥感、航空遥感影像资料，做好本地区海岸线、滩涂、海湾等典型海域空间资源分析，全面掌握其空间分布、面积、形态以及开发利用状况等"。山东省海洋与渔业厅印发的《山东省海域动态监管工作管理办法（试行）》中提到海域空间资源监视监测，监测对象为重点海岸线、重点海湾等海域空间，掌握其形态、面积（长度）、开发与保护现状等情况。

国家海域动态监视监测管理工作中对海域空间资源包含的内容进行过阐述，主要包括海岸线、海湾、河口等。

此外，在研究海域动态监视监测方向的文献中，海域空间资源的描述与海洋行政管理部门的提法相似，如海域空间资源监测主要包括海岸线监测、滩涂监测和海湾（河口）监测等（王厚军等，2017）。

重要空间资源监测：自然岸线存量；港口岸线的开发利用状况和资源存量；滨海沙滩的开发利用与保护状况；海域滩涂资源利用状况和资源存量；"批而未

围"、"围而未填"和"填而未建"的围填海资源存量等（刘百桥和赵建华，2014）。

综上，考虑到海域海籍基础调查工作主要服务于海域监管，结合海域海籍基础调查工作实际，本研究提出的海域空间资源调查主要沿用海洋行政管理部门海域动态监视监测业务中的内容，即基于以海域作为载体，以占用海域为主的海岸线、公共用海、海域其他利用现状等海域空间资源利用现状的调查，掌握其形态、面积（长度）、开发与保护利用现状等情况。

4.2　海岸线调查

4.2.1　海岸线调查工作历程

海岸线为平均大潮高潮时的海陆分界线《海岸线调查统计技术规程（试行）》，是陆地与海洋的重要标识，是海岸带最重要的自然要素之一。在自然因素和人类活动的双重影响下，海岸线是不断变化的，掌握海岸线类型、利用现状、保护类别长度，统计大陆自然岸线保有率，是海洋行政主管部门实现对海岸线有效管控的基础。2000年以来，根据海岸线调查工作的持续性，调查方法的科学性和系统性，笔者认为我国海岸线调查工作分为以下两个阶段。

第一阶段（2005～2013年）：2005年，广西"908专项"起步实施，2007年开展广西"908专项"海岸带综合调查大陆海岸线修测，是广西海岸线第一次全野外实地测量，通过征集广西沿海三市（防城港市、钦州市、北海市）相关部门意见，最终形成适合当时的广西大陆海岸线成果，并于2008年7月，通过广西壮族自治区人民政府批复。2008年批准的广西海岸线总长为1628.59km。

2013年，为掌握海岸线变化情况，自治区级海洋行政主管部门组织实施了广西沿海大陆海岸线实际变迁调查，主要对2008年广西壮族自治区人民政府批复的广西海岸线实际发生变化的岸段进行调查分析。

第二阶段（2017年至今）：十八大以来，在中共中央《关于加快推进生态文明建设的意见》的指导下，国务院颁布《生态文明体制改革总体方案》，明确提出要"建立国土空间开发保护制度和空间规划体系，优化海洋空间开发与保护格局"。各级海洋行政主管部门紧紧围绕建设海洋强国的总目标，以供给侧结构性改革为主线，以提高海洋事业发展的质量效益为中心，深化管理内涵，创新管理方式，全面提升海洋综合管控能力，大力推进海域资源配置市场化建设，促进海域资源的集约节约利用，为沿海经济社会发展提供有力保障。2017年，我国海洋综合管理的制度体系进一步完善。《海岸线保护与利用管理办法》《围填海管控办法》《海洋督察方案》与现行的海洋法律法规、海洋空间基础规划共同勾画了"生态+海洋管理"的新模式。

　　2017年3月，国家海洋局印发《海岸线保护与利用管理办法》，明确当前海岸线保护与利用管理的主要任务，在管理体制上强化了海岸线保护与利用的统筹协调，在管理方式上确立了以自然岸线保有率目标为核心的倒逼机制，在管理手段上引入了海洋督察和区域限批措施，提出了海洋管理工作的新举措、新要求。为贯彻落实《海岸线保护与利用管理办法》，全面掌握全国海岸线类型、利用现状，统计年度自然岸线保有率，自2017年5月起，先后开展了2017年广西海岸线调查统计工作、2018年广西海岸线调查统计工作和2019年广西海岸线修测工作。

4.2.1.1　2017年广西海岸线调查统计工作

　　2017年5月国家海洋局《国家海洋局关于印发〈全国海岸线调查统计工作方案〉和<海岸线调查统计技术规程（试行）>的通知》（国海发〔2017〕5号）的要求，统一部署全国海岸线资源调查、自然岸线认定和保有率统计工作。

　　为贯彻落实《海岸线保护与利用管理办法》，按照国家海洋局总体部署，广西于2017年6月由广西壮族自治区地理国情监测院、广西壮族自治区海洋研究院联合启动了广西海岸线调查统计工作，采用优于1m的2017年遥感影像，结合收集到的广西海域使用权发证、海洋功能区划、规划、生态红线及海籍权属调查等相关资料，一是对海岸线进行内业判绘，外业利用广西北部湾CORS（网络RTK）对内业判绘的岸线进行检核，使岸线精度更高；二是利用无人机及普通相机拍摄岸线实地相片和具有代表性岸段视频，完成了2008年和2013年广西海岸线修测成果，2014~2017年高分辨率遥感影像、基础地理信息数据，2015~2016年广西海岸带无人机图像拍摄数据、海域利用现状数据、海洋功能区划等基础数据的收集整理和初步分析，使岸线调查结果更具可靠性；三是按利用现状类别划分为渔业岸线、工业岸线、港口岸线、旅游岸线、城乡建设岸线、其他利用岸线和未利用岸线等7个类别，为合理集约利用岸线提供了数据保障，有效缓解了海岸线利用与保护之间的矛盾；四是按岸线保护类别划分为严格保护岸段、限制开发岸段和优化利用岸段，为下一步海岸线修补测提供了可靠的数据基础，对制定海岸线整治修复规划和年度计划、全国推进海岸线分类保护和整治修复工作、发展数字海洋都具有重要意义。

4.2.1.2　2018年广西海岸线调查统计工作

　　2019年2月，自然资源部海域海岛管理司印发了《自然资源部海域海岛管理司关于开展2018年度全国海岸线调查统计工作的通知》，工作内容是以2017年全国海岸线调查统计成果为基础，利用2018年最新遥感影像，对发生变化以及岸线类型不一致的岸段进行解译，对变化明显的海岸线、具有自然海岸形态特征和生态功能的岸线进行现场核查与测量，全面掌握海岸线类型、利用现状及动态变化等情况，统计分析2018年大陆自然岸线保有率数据。

由国家海洋信息中心收集2017年全国海岸线调查统计成果、2018年第四季度高精度遥感影像（分辨率优于2m），会同国家海洋技术中心制定统一的岸线遥感解译技术标准，开展遥感解译分析，形成遥感监测结果。沿海各省（区、市）对遥感解译发现的与2017年统计调查成果变化明显或遥感提取信息不明确的岸段，以岸段为单元，逐一进行现场核查与测量。广西需要开展现场核查的岸段共211段，其中北海56段、防城港60段、钦州95段。根据2018年广西海岸线调查统计成果，2018年广西海岸线总长度为1705.93km，比2008年增加了77.34km，增加4.75%。主要是填海造地、自然坍塌和虾塘围堤硬化等原因使岸线走向发生变化从而导致海岸线长度发生变化。

4.2.1.3　2019年广西海岸线修测工作

2019年自然资源部办公厅印发《自然资源部办公厅关于开展全国海岸线修测工作的通知》（自然资办函〔2019〕1187号）启动全国海岸线修测工作。工作任务主要包括：①全面掌握海岸线自然形态、岸滩冲淤或侵蚀情况、整治修复情况等，调查开发利用现状和权属状况，判定海岸线类型；②实地测量海岸线位置坐标，量算海岸线长度；③统计海岸线的长度、类型、用途等，分析海岸线保护利用和管理方面的问题。

广西海域海籍基础调查始于2014年，终于2017年，处于全国范围内部署开展海岸线调查空白阶段，填补了海岸线调查时空空白，保持了广西海岸线调查的延续性，使海岸线历年变化有迹可循，拍摄的广西全岸段实地照片，是呈现历年海岸线形态特征演变不可或缺的真实资料。海岸线调查包括海岸线调查统计和海岸线修测，海岸线调查统计工作内容具体又包括海岸线类型、海岸线利用现状和海岸线保护类别三个方面，广西海域海籍基础调查工作中的海岸线调查，主要是对海岸线类型的调查，本章节主要围绕海岸线类型调查工作的核心内容展开。

4.2.2　海岸线调查方法

海岸线类型调查，首先需确定岸线的走向，海域海籍基础调查工作沿用的是2008年政府批复的广西海岸线，通过无人机沿广西大陆海岸线全线拍摄，内业根据实地照片对照高分辨率遥感影像解译岸段位置与类型，结合岸段海陆两侧地物类别判断岸段利用现状，再通过实地实景核查，保证内业判读的准确性。

4.2.3　海岸线类型划分

4.2.3.1　海岸线类型划分的重要性

　　习近平总书记在2019年中国北京世界园艺博览会开幕式上指出，我们要像保护自己的眼睛一样保护生态环境。海岸线尤其是自然岸线具有重要的生态功能和资源价值，是海洋生态环境的重要组成部分，是海岸线保护的核心。《海岸线保护与利用管理办法》规定，到2020年，全国自然岸线保有率不低于35%（不包括海岛岸线），将自然岸线保护纳入沿海地方政府政绩考核，自然岸线的认定直接影响自然岸线统计数量和岸线保有率数值，体现我国自然岸线的真实家底，是各方关注的焦点。因此，海岸线调查的核心是判别海岸线类型，了解岸线类型变化情况，尤其是掌握自然岸线，统计自然岸线保有率，岸线类型的判定是海岸线调查的关键。

4.2.3.2　海岸线类型划分的发展和变化

　　近年来，随着海岸线调查统计工作的深入展开和工作积累，以及海岸线的形态特征随时间变化愈加复杂多样，加之科学分类方法的发展，海岸线类型划分和判定也随之改变，每一次海岸线调查统计或海岸线修测工作均对上一次海岸线类型进行了补充和修订，使海岸线分类更科学合理，更能客观真实地反映全国海岸线类型，突出保护重点，更有利于海洋行政主管部门对自然岸线的精细化管控（图4.1）。

　　第一阶段：科学界定海岸线类型。2017年主要依据《海岸线保护与利用管理办法》和《海岸线调查统计技术规程（试行）》对海岸线类型进行了科学界定。海岸线分为两大类，即自然岸线、人工岸线。自然岸线包括砂质岸线、淤泥质岸线、基岩岸线、河口岸线等原生岸线，以及整治修复后具有自然海岸形态特征和生态功能的岸线。

　　第二阶段：关注典型生态系统所在岸线。2018年海岸线调查统计工作在《海岸线调查统计技术规程（试行）》的岸线分类基础上，制定了海岸线类型认定补充说明，并对海岸线认定标准进行补充、细化。结合2017年海岸线调查统计成果数据以及沿海地区的实际情况，新增了"生物岸线"的类型，修订了具有自然海岸形态特征和生态功能的岸线类型及其含义。海岸线类型分为两大类，即自然岸线、人工岸线。自然岸线类型依据海岸物质组成界定，包括砂质岸线、粉砂淤泥质岸线、基岩岸线、河口岸线、生物岸线以及具有自然海岸形态特征和生态功能的岸线。生物岸线主要是由生物构成的海岸线，包括红树林、珊瑚礁、赤碱蓬等构成的海岸线。将原《海岸线调查统计技术规程（试行）》中"海洋保护区内的具有生态功能岸线"纳入"整治修复岸线"中，新增"海水养殖区的岸线"，海水养殖区的岸线是指岸线位于泥质、砂质等非硬质道路、堤坝上，两侧均为海水养殖区域，具有一定生态

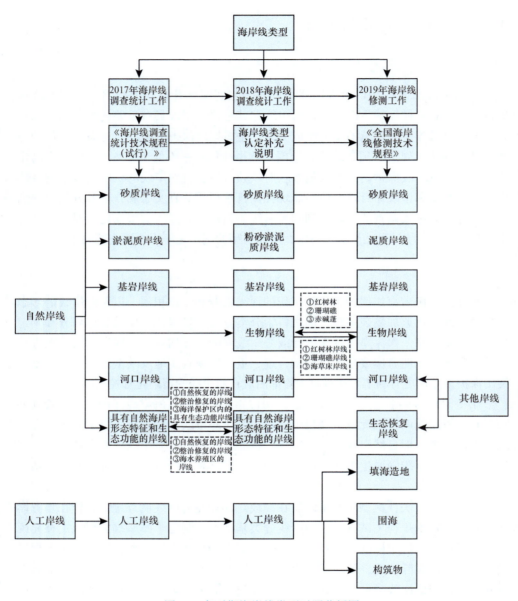

图4.1　各时期海岸线类型对照分析图

功能的岸线，也可纳入自然岸线。这一阶段岸线类型划分的变化特点是开始关注典型生态系统所在的岸线，更突出有生态价值的海岸线的调查统计。

第三阶段：海岸线类型划分更加科学，界定更加精细。2019年全国海岸线修测工作在《全国海岸线修测技术规程》中规定了海岸线分类，与2018年海岸线调查统计工作的岸线类型划分相比，具有以下三个方面的变化：一是一级岸线类型分为三大类、九小类，其中二级分类中的"生物岸线""生态恢复岸线""河口岸线"分到了三级类，除原来的自然岸线和人工岸线外，新增了其他岸线，将原自然岸线中的"河口岸线"纳入其他岸线，原自然岸线中"整治修复后具有自然海岸形态特征和生态功能的岸线"修改为"生态恢复岸线"，纳入其他岸线，并对其含义进行了更详细的界定。二是修订了"生物岸线"的含义，生物岸线主要包括红树林岸线、珊瑚礁岸线和海草床岸线。从原来的砂质岸线、泥质岸线和基岩岸线中突出了红树林、珊瑚礁和海草床。三是明确了人工岸线的二级分类，包括填海造地、围海和构筑物。这一阶段岸线类型划分的变化特点是岸线类型划分更精细、更科学，界定更细致，从自然岸线中区分原生岸线与河口岸线及生态恢复岸线，将河口岸线及生态恢复岸线纳入新增的其他岸线中，使自然岸线保有率的计算更加客观真实。

4.2.4　典型海岸线类型实例

4.2.4.1　砂质岸线

砂质岸线是指由砂质和砾质砂石构成的海岸线，如图4.2所示。

图4.2　北海市某区域砂质岸线划定范围示意图

4.2.4.2　泥质岸线

泥质岸线主要为由潮汐作用塑造的低平海岸，潮间带宽而平缓，如图4.3所示。

图4.3 泥质岸线划定范围示意图

4.2.4.3 基岩岸线

基岩岸线是指由裸露的基岩构成的海岸线，如图4.4所示。

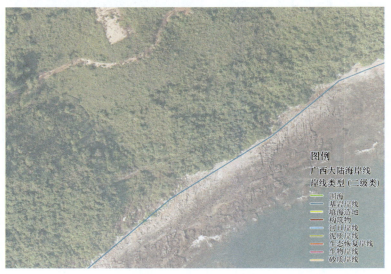

图4.4 基岩岸线划定范围示意图

4.2.4.4 生物岸线

生物岸线主要包括红树林岸线、珊瑚礁岸线和海草床岸线。海岸线毗邻或穿越珊瑚礁、红树林和海草床的，应界定为生物岸线。

红树林岸线和海草床岸线的界定方法参照砂质岸线或泥质岸线；珊瑚礁岸线的界定方法参照砂质岸线或基岩岸线，如图4.5所示。

图4.5　生物岸线划定范围示意图

4.2.4.5　河口岸线

河口岸线的界定根据河流入海口区域的地形地貌、历史习惯等，按照以下顺序进行界定。

（1）以已明确的河口海陆分界线作为河口岸线。

（2）以河口区域的历史习惯线或者管理线作为河口岸线。

（3）以河口区域最靠近海的第一条拦潮闸（坝）或第一座桥梁外边界线作为河口岸线。

（4）以河口突然展宽处的突出点连线作为河口岸线。

河口岸线如图4.6所示。

图4.6　河口岸线区域效果示意图

4.2.4.6　生态恢复岸线

生态恢复岸线主要指经整治修复后具有自然海岸形态特征和生态功能的海岸线，如图4.7和图4.8所示。

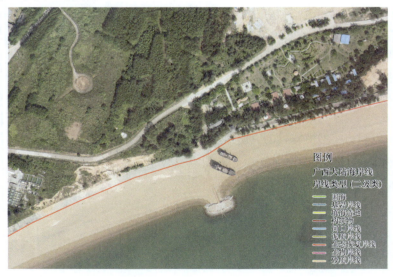

图4.7　钦州市三娘湾观潮石至海滨浴场段整治修复砂质岸线划定示意图

图4.8　防城港市西湾红沙环整治修复生态海堤岸线示意图

4.2.4.7　填海造地形成的人工岸线

填海造地工程外边界围堤采用直立式或斜坡式结构，海岸线原则上应界定在多年平均大潮高潮位时海陆分界痕迹线处，如图4.9所示。

图4.9　填海造地形成的人工岸线划定范围示意图

4.2.4.8 围海形成的人工岸线

主要指围海养殖和盐田用海形成的人工岸线，原则上以围海养殖与盐田区靠陆一侧的外边缘线进行界定，如图4.10所示。

图4.10 围海形成的人工岸线划定范围示意图

4.2.4.9 构筑物人工岸线

对于带闸堤坝、桥梁、透空式防浪墙等顺岸布局的透水构筑物，向陆一侧存在平均大潮高潮时海水能到达的水域，海岸线界定在平均大潮高潮位时海陆分界的痕迹线处。

对于采用透水方式构筑的码头、海面栈桥、高脚屋等构筑物和采用非透水方式构筑的码头、引堤、突堤、防波堤、路基等构筑物与海岸垂直或斜交的，海岸线界定在构筑物与陆域连接处，如图4.11所示。

图4.11 构筑物人工岸线划定范围示意图

4.3　公共用海调查

4.3.1　公共用海概念及范围界定

　　明确公共用海数据收集整理范围是开展公共用海调查的基础，首先应明确公共用海的概念和类型。2015年以前，国家对公共用海无统一的定义，也没有相关法律法规或规范性文件出台，国内仅浙江省于2010年出台了有关公共用海的管理文件，文件中对公共用海进行了定义。《中华人民共和国海域使用管理法》规定：国务院海洋行政主管部门负责全国海域使用的监督管理，然而，在现实中部分公共用海处于多部门管理状态，除了海洋行政主管部门外，还涉及交通运输、农业、水利等多个部分，增加了海洋行政主管部门对公共用海管理的难度（翟伟康等，2014）。海洋管理部门对公共用海信息鲜有掌握，鉴于此，广西海域海籍基础调查工作将公共用海调查作为重点纳入调查范围。

　　2016年国家印发的《公共用海数据收集整理技术规范》对"公共用海"做出了明确的定义：公共用海是指具有公益性用海特征和明确的使用功能，但没有特定的海域使用权人的用海。根据此定义，结合实际调查情况，公共用海类型的划分在《公共用海数据收集整理技术规范》14种公共用海类型的基础上进行了扩展，增加了公共道路、航标、观测平台/浮标、海岸整治工程、防洪防潮闸和区域用海规划内的公共设施等6种公共用海类型，根据公共用海的定义和划分的类型，判断公共用海的关键在于用海的公益性和明确的使用功能，因此增设的6种类型符合纳入公共用海的范畴。综上，公共用海数据收集整理范围为上述20种公共用海类型（表4.1，图4.12～图4.14）。

表4.1　公共用海名录

序号	级别	类型	海域基础数据体系建设工作收集情况	海域海籍基础调查工作收集情况	任务性质
1	G	公共航道	√	√	国家任务
2	G	公共锚地	√	√	国家任务
3	G	公共路桥	√	√	国家任务
4	G	公共港口	—	—	国家任务
5	G	保护区	√	√	国家任务
6	G	倾倒区	√	√	国家任务

续表

序号	级别	类型	海域基础数据体系 建设工作收集情况	海域海籍基础调查 工作收集情况	任务性质
7	G	海岸防护工程	√	√	国家任务
8	G	公共排污口	√	√	国家任务
9	G	群众渔港	√	√	国家任务
10	G	人工鱼礁	√	√	国家任务
11	G	公益性科研教学用海	—	—	国家任务
12	G	验潮站	√	√	国家任务
13	G	公共浴场	√	√	国家任务
14	S	公共道路	—	—	广西增设
15	S	航标	√	√	广西增设
16	S	观测平台/浮标	√	√	广西增设
17	S	海岸整治工程	√	√	广西增设
18	S	防洪防潮闸	—	—	广西增设
19	S	区域用海规划内的公共设施	—	—	广西增设
20	G	其他	—	—	国家任务

注：G代表调查任务级别为国家级，S代表调查任务级别为省级

图4.12 公共用海（排污口）现状照片

图4.13　公共用海（孝众渔港）现状照片

图4.14　公共用海（防洪防潮闸）现状照片

4.3.2　公共用海数据收集

公共用海数据收集和信息提取分析是公共用海调查工作的核心。公共用海数据收集是获取数据的基础，信息提取分析是获取最终数据的关键。

公共用海数据收集的目标是收集各类型公共用海及其相应的数据项信息，主要通过以下三种方式：①查阅相关资料，如海洋环境公报、年报及相关文献等公开印发和发表的文字资料；②涉海单位和部门提供的数据台账、批准文件、调查表和相关文件等基础数据；③外业实地调查和走访，通过外业实地调查，核实现有数据，并发现新的数据。通过走访、咨询数据提供部门，向相关工作人员了解情况，与现有数据进行佐证。

4.3.3 公共用海数据信息提取分析和数据库建设

收集到的公共用海数据资料，一般分为两种：一种是可直接获取的有效信息，如技术规范要求的保护区数据项为占用岸线长度（千米）、级别、主要保护对象三项，某部门提供了儒艮保护区调查表及相关数据项信息，另外从其提供的《广西壮族自治区近岸海域环境功能区划调整方案》中提取出广西山口红树林生态自然保护区和涠洲岛、斜阳岛珊瑚礁生态区占用岸线长度及其大致位置。

另一种是，由于公共用海涉及多个相关部门，以及部门间管理使用方式的不同，部分部门往往无法提供完整准确的公共用海位置、范围、坐标、管理单位等信息，即从现有资料无法直接获取有效信息，但经分析处理后可获取有效的数据信息，公共用海的信息提取分析和数据处理就是从现有资料获取各类型公共用海相应的数据项有效数据信息并进行数据库建设的过程，主要借助地理信息系统软件Arc GIS对数据资料进行数据的量算和信息提取。

收集的资料部分来源于相关部门提供，由于资料的保密性，往往只提供一部分可公开的信息而无法满足公共用海调查数据收集的需求，这就需要通过科学的提取分析和数据处理，克服部门间的信息壁垒，最大限度地补充和还原数据信息。例如，某部门提供了海堤的数据台账，但只有起点和终点坐标，而海堤应为沿海岸线而建的线状数据，下面以海堤为例介绍对数据进行信息提取和数据处理的过程。

（1）提取坐标。利用HDS2003数据处理软件包将经纬度坐标转换成平面坐标（图4.15，图4.16）。

序号	堤防名称	起点位置市	起点位置县	起点位置乡（镇）	起点位置街（村）组	终点位置市	终点位置县	终点位置乡镇	终点位置街村	起点地理坐标东经（度）	起点地理坐标东经（分）	起点地理坐标东经（秒）	起点地理坐标北纬（度）	起点地理坐标北纬（分）	起点地理坐标北纬（秒）	终点地理坐标东经（度）	终点地理坐标东经（分）	终点地理坐标东经（秒）	终点地理坐标北纬（度）	终点地理坐标北纬（分）	终点地理坐标北纬（秒）	工程建设情况	建成时间（年）	建成时间（月）	开工时间（年）	开工时间（月）	工程任务	堤防类别	设计防洪（潮）标准（重现期）（年）	堤防长度（m）	堤顶宽度（m）
7 46	大宫井海堤工程	北海市合浦县	西场镇	官井村		北海市	合浦县	西场镇	官井村	108	51	3.7	21	41	8.7	108	51	37.60	21	40	42.50	已建	1968	6			防洪、防潮	5级	10	4450.00	4.5
8 47	大三那围海堤工程	北海市合浦县	白沙镇	那郭村		北海市	合浦县	白沙镇	那郭村	109	1	23.6	21	36	50.9	109	1	13.90	21	36	24.80	已建	1949				防洪、防潮	4级	20	21100.00	3
9 48	屯坡堤海堤工程	北海市合浦县	白沙镇			北海市	合浦县	白沙镇		109	1	21	31	34	15.3	109	37	56.70	21	36	30.40	已建	1949				防洪、防潮	5级	10	1200.00	3
49	屯坡塘海堤工程	北海市合浦县	白沙镇	东风村		北海市	合浦县	白沙镇	东海村	109	37	12.9	21	39	23.2	109	37	10.90	21	40	44.30	已建	1949				防洪、防潮	5级	10	2100.00	3
1 50		北海市合浦县	白沙镇	那潭村		北海市	合浦县	白沙镇	那江村	109	40	24.4	21	37	14.5	109	40	23.30	21	37	16.40	已建	1949				防洪、防潮	5级	10	600.00	3

图4.15　收集的海堤原始数据台账

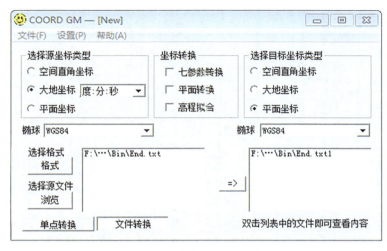

图4.16 提取坐标并转换

（2）构建属性结构，生成图层。利用Arc GIS（10.0版本）软件，将平面坐标展点到Arc GIS生成对应的点、线、面图层，存储在1个File Geodatabase文件（.gdb）中，一般点图层能直接生成，线、面图层需经矢量化处理，如广西壮族自治区水利厅提供了海堤的数据台账，但只有起点和终点坐标，而海堤应为沿海岸线而建的线状数据，下面以海堤为例介绍对数据进行矢量化处理的过程。

将平面坐标导入Arc GIS软件中，形成点（图4.17）。

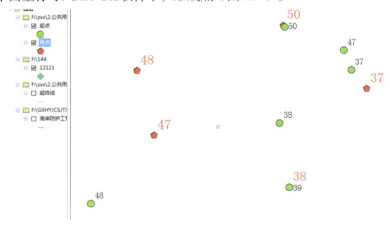

图4.17 海堤点文件

根据起点和终点连接成直线（图4.18）。

图4.18　海堤矢量化处理

根据起点和终点坐标，结合海岸线和高清影像图矢量化出海堤数据（图4.19）。

图4.19　海堤矢量化初步成果

反馈核实，走访广西壮族自治区水利厅对数据进行反馈和核实，通过查询广西壮族自治区水利普查成果展示与查询系统，发现编号为47号、48号海堤走向与我们处理的不一致（图4.20）。

图4.20　48号老鸦港海堤工程初步处理成果与系统对比示意图

根据广西壮族自治区水利普查成果展示与查询系统修改完善矢量化成果（图4.21）。

图4.21　48号老鸦港海堤工程修改后示意图

（3）公共用海数据处理和数据库建设。公共用海调查与海岸线调查、其他利用现状调查以及后面章节提到的海域权属调查不同，海岸线调查有明确的调查岸线，其他利用现状调查以利用现状为依据，海域权属调查以批复宗海资料为依据，公共用海数据处理和数据库建设形成最终成果的难度较大。

4.4 海域其他利用现状调查

广西海域海籍基础调查工作范围沿用的是《广西壮族自治区海洋功能区划（2011—2020年）》确定的区划范围，即近岸海域范围：西起中越北部湾北部海上分界线，东至粤桂海域行政区域界线，向陆一侧至广西壮族自治区人民政府批准的海岸线，向海一侧至粤桂海域行政区域界线南端点向西的直线。

海域其他利用现状调查是广西海域海籍基础调查工作的创新点之一，其具体调查工作是参考土地调查的技术方法和现状分类体系对广西海洋功能区划范围内的海域进行了全域调查，摸清了广西海域的现状。

由于海域海籍基础调查范围沿用的是2008年经广西壮族自治区人民政府公布的海岸线，随着沿海经济的产业发展和历史原因，该岸线向海一侧部分已填成陆地或已无海水交换，因此，其填海部分利用现状的自然属性与陆地无异，但由于其位于陆海交界，又呈现出有别于陆地的情形，如河口、滩涂中的红树林等，这部分区域大部分在全国土地调查中未涉及，形成了调查的空白，因此将海域其他利用现状调查纳入广西海籍基础调查范围。其他利用现状调查工作参考了第二次全国土地调查的技术方法，其关键在于其他利用现状分类的确定和遥感解译。

4.4.1 海域其他利用现状调查方法

海域其他利用现状调查采用调绘法，调绘时采用综合调绘法和全野外调绘法结合进行。

1）综合调绘法

综合调绘法是内外业相结合的调绘方法。具体做法是：当影像比较清晰时，直接对影像进行内业解译。内业认定、直接标绘上图的界线及地类，需经外业核实确认。内业不能够确定的界线及地类，需经外业实地调绘上图。对新增地物应进行补测。最后将地物属性标注在调查底图或记录在"其他利用调查记录表"上，形成原始调查图件和资料。

2）全野外调绘法

全野外调绘法是利用调查底图直接进行外业调查的调绘方法。调查人员携带调查底图到实地，将影像所反映的地类信息与实地状况一一对照、识别，将地类和界线调绘在调查底图上，并将地物属性标注在调查底图或记录在"其他利用调查记录表"上。

　　具体调查时，各调查区域根据影像分辨率、调绘人员经验、已有调查资料状况等综合选用上述调绘方法。

　　根据内业矢量化成果及预判各图斑类型信息所制作的外业调查底图，现场验证核查每个地块图斑类型，同时对于"围堤养殖"通过走访村委会等进行使用情况登记。

4.4.2　海域其他利用现状类型核实

　　现场验证核查每个地块图斑类型，主要采用无人机采集海域现状照片，核实每一图斑类型，无法核实的进行现场踏勘（图4.22，图4.23）。

图4.22　外业调查核实底图

图4.23　无人机现场照片

4.4.3 海域其他利用现状调查分类

其他利用现状调查分类主要依据海域海籍利用方式、用途、地貌特点等因素，综合考虑了土地利用现状分类和海域管理中海域使用分类各类型的概念内涵，对海域海籍利用现状进行归纳、划分，形成适用于海域海籍基础调查的其他利用现状分类表，反映海域海籍利用的基本现状，于2016年完成初步分类成果，收录于《广西海域海籍基础调查工作细则》中。

海域海籍基础调查其他利用现状分类的初步成果，主要参考当时现行的第二次全国土地调查的《土地利用现状分类标准》（GB/T 21010—2007），结合陆海相接的地貌特性，补充了红树林、盐田、养殖池塘、河口水域、海域水面等5个二级类。2017年全国开展第三次全国国土调查，并相继发布了《土地利用现状分类》（GB/T 21010—2017）和《第三次全国国土调查技术规程》（TDT 1055—2019），新的土地利用现状分类对于用地类型有了补充，增加了二级类红树林和盐田，这与海域海籍基础调查的其他利用现状分类补充的红树林和盐田一致，体现了海域海籍基础调查成果的先行先试。海域海籍基础调查的其他利用现状分类参考第二次和第三次全国国土调查土地利用现状分类，并考虑与最新土地利用现状分类衔接，采用一级、二级两个层次的分类体系，分为12个一级类、76个二级类，明确了每一类别的含义、编码（表4.2）。

表4.2　其他利用现状分类与土地分类对照表

第二次全国土地调查 2007 年土地利用现状分类				广西海域海籍基础调查 2015 年其他利用现状分类				第三次全国国土调查土地分类 2017 年土地利用现状分类			
一级		二级		一级		二级		一级		二级	
编码	名称	编码	名称	编码	名称	编码	名称	编码	名称	编码	名称
01	耕地	011	水田	01	耕地	0101	水田	01	耕地	0101	水田
		012	水浇地			0102	水浇地			0102	水浇地
		013	旱地			0103	旱地			0103	旱地
02	园地	021	果园	02	园地	0201	果园	02	园地	0201	果园
		022	茶园			0202	茶园			0202	茶园
						0203	橡胶园			0203	橡胶园
		023	其他园地			0204	其他园地			0204	其他园地

续表

第二次全国土地调查 2007年土地利用现状分类				广西海域海籍基础调查 2015年其他利用现状分类				第三次全国国土调查土地分类 2017年土地利用现状分类			
一级		二级		一级		二级		一级		二级	
编码	名称	编码	名称	编码	名称	编码	名称	编码	名称	编码	名称
03	林地			03	林地	0301	乔木林地	03	林地	0301	乔木林地
		031	有林地			0302	竹林地			0302	竹林地
						0303	红树林			0303	红树林地
						0304	森林沼泽			0304	森林沼泽
		032	灌木林地			0305	灌木林地			0305	灌木林地
						0306	灌丛沼泽			0306	灌丛沼泽
		033	其他林地			0307	其他林地			0307	其他林地
04	草地	041	天然牧草地	04	草地	0401	天然牧草地	04	草地	0401	天然牧草地
						0402	沼泽草地			0402	沼泽草地
		042	人工牧草地			0403	人工牧草地			0403	人工牧草地
		043	其他草地			0404	其他草地			0404	其他草地
05	商服用地	051	批发零售用地	05	商服用地	0501	零售商业用地	05	商服用地	0501	零售商业用地
						0502	批发市场用地			0502	批发市场用地
		052	住宿餐饮用地			0503	餐饮用地			0503	餐饮用地
						0504	旅馆用地			0504	旅馆用地
		053	商务金融用地			0505	商务金融用地			0505	商务金融用地
						0506	娱乐用地			0506	娱乐用地
		054	其他商服用地			0507	其他商服用地			0507	其他商服用地
06	工矿仓储用地	061	工业用地	06	工矿仓储用地	0601	工业用地	06	工矿仓储用地	0601	工业用地
		062	采矿用地			0602	采矿用地			0602	采矿用地
						0603	盐田			0603	盐田
		063	仓储用地			0604	仓储用地			0604	仓储用地

第二次全国土地调查 2007 年土地利用现状分类				广西海域海籍基础调查 2015 年其他利用现状分类				第三次全国国土调查土地分类 2017 年土地利用现状分类			
一级		二级		一级		二级		一级		二级	
编码	名称	编码	名称	编码	名称	编码	名称	编码	名称	编码	名称
07	住宅用地	071	城镇住宅用地	07	住宅用地	0701	城镇住宅用地	07	住宅用地	0701	城镇住宅用地
		072	农村宅基地			0702	农村宅基地			0702	农村宅基地
08	公共管理与公共服务用地	081	机关团体用地	08	公共管理与公共服务用地	0801	机关团体用地	08	公共管理与公共服务用地	0801	机关团体用地
		082	新闻出版用地			0802	新闻出版用地			0802	新闻出版用地
		083	科教用地			0803	教育用地			0803	教育用地
						0804	科研用地			0804	科研用地
		084	医卫慈善用地			0805	医疗卫生用地			0805	医疗卫生用地
						0806	社会福利用地			0806	社会福利用地
		085	文体娱乐用地			0807	文化设施用地			0807	文化设施用地
						0808	体育用地			0808	体育用地
		086	公共设施用地			0809	公用设施用地			0809	公用设施用地
		087	公园与绿地			0810	公园与绿地			0810	公园与绿地
		088	风景名胜设施用地								
09	特殊用地	091	军事设施用地	09	特殊用地	0901	军事设施用地	09	特殊用地	0901	军事设施用地
		092	使领馆用地			0902	使领馆用地			0902	使领馆用地
		093	监教场所用地			0903	监教场所用地			0903	监教场所用地
		094	宗教用地			0904	宗教用地			0904	宗教用地
						0905	殡葬用地			0905	殡葬用地
		095	殡葬用地			0906	风景名胜设施用地			0906	风景名胜设施用地

续表

第二次全国土地调查 2007 年土地利用现状分类				广西海域海籍基础调查 2015 年其他利用现状分类				第三次全国国土调查土地分类 2017 年土地利用现状分类			
一级		二级		一级		二级		一级		二级	
编码	名称	编码	名称	编码	名称	编码	名称	编码	名称	编码	名称
10	交通运输用地	101	铁路用地	10	交通运输用地	1001	铁路用地	10	交通运输用地	1001	铁路用地
						1002	轨道交通用地			1002	轨道交通用地
		102	公路用地			1003	公路用地			1003	公路用地
		103	街巷用地			1004	城镇村道路用地			1004	城镇村道路用地
						1005	交通服务场站用地			1005	交通服务场站用地
		104	农村道路			1006	农村道路			1006	农村道路
		105	机场用地			1007	机场用地			1007	机场用地
		106	港口码头用地			1008	港口码头用地			1008	港口码头用地
		107	管道运输用地			1009	管道运输用地			1009	管道运输用地
11	水域及水利设施用地	111	河流水面	11	水域及水利设施用地	1101	河流水面	11	水域及水利设施用地	1101	河流水面
		112	湖泊水面			1102	湖泊水面			1102	湖泊水面
		113	水库水面			1103	水库水面			1103	水库水面
		114	坑塘水面			1104	坑塘水面			1104	坑塘水面
		115	沿海滩涂			1105	沿海滩涂			1105	沿海滩涂
		116	内陆滩涂			1106	内陆滩涂			1106	内陆滩涂
		117	沟渠			1107	沟渠			1107	沟渠
						1108	沼泽地			1108	沼泽地
		118	水工建筑用地			1109	水工建筑用地			1109	水工建筑用地
		119	冰川及永久积雪			1110	冰川及永久积雪			1110	冰川及永久积雪
						1111	围海养殖池塘				
						1112	河口水域				
						1113	海域水面				

第二次全国土地调查 2007 年土地利用现状分类				广西海域海籍基础调查 2015 年其他利用现状分类				第三次全国国土调查土地分类 2017 年土地利用现状分类			
一级		二级		一级		二级		一级		二级	
编码	名称	编码	名称	编码	名称	编码	名称	编码	名称	编码	名称
		121	空闲地			1201	空闲地			1201	空闲地
		122	设施农业用地			1202	设施农业用地			1202	设施农业用地
		123	田坎			1203	田坎			1203	田坎
12	其他土地	124	盐碱地	12	其他土地	1204	盐碱地	12	其他土地	1204	盐碱地
		125	沼泽地			1205	沼泽地			1205	沙地
		126	沙地			1206	沙地			1206	裸地
		127	裸地			1207	裸地			1207	裸岩石砾地

注：为科学管理调查成果数据，保证调查数据在广西分布的全覆盖，在其他利用现状分类中将海域水面归为水域及水利设施用地

增加的类型及内涵具体如下。

红树林——在土地利用现状分类一级分类"林地"中，二级分类补充"红树林"，编码为0303。红树林是指热带、亚热带海湾、河口泥滩上特有的常绿灌木和小乔木群落；它生长于陆地与海洋交界带的滩涂浅滩等地（图4.24）（《广西海域海籍基础调查工作细则》）。

图4.24　红树林实地照片

盐田——在土地利用现状分类一级分类"工矿仓储用地"中，二级分类补充"盐田"，编码为0603。盐田是指在海边用于生产海盐的场所用地（《广西海域海籍基础调查工作细则》）。

围海养殖池塘——在土地利用现状分类一级分类"水域及水利设施用地"中，二级分类补充"养殖池塘"，编码为1111。围海养殖池塘是指利用海边池塘进行水生经济动植物的生产用地（图4.25）（《广西海域海籍基础调查工作细则》）。

图4.25　围海养殖池塘实地照片

河口水域——在土地利用现状分类一级分类"水域及水利设施用地"中，二级分类补充"河口水域"，编码为1112。河口水域是指河流注入海洋的区域（《广西海域海籍基础调查工作细则》）。

海域水面——在土地利用现状分类一级分类"水域及水利设施用地"中，二级分类补充"海域水面"，编码为1113。海域水面是指内水及领海的水面（《广西海域海籍基础调查工作细则》）。

4.4.4　海域其他利用现状的遥感解译

其他利用现状的遥感解译与陆地的遥感解译相似，这里不再赘述，需要注意的是上文提到的补充的5种利用现状类型的遥感解译，如红树林、河口水域、海域水面等是海洋的重要生态资源，养殖池塘是下文开展围海养殖权属调查工作底图的数据基础，通过遥感解译对其进行矢量化，补充了这方面的数据资料，对于研究和管理近岸海域空间资源具有十分重要的意义。

第5章　广西海域权属调查实践

5.1　广西海域权属调查

　　《中华人民共和国海域使用管理法》实施十余年来，为全面落实提出的海洋功能区划、海域权属管理、海域有偿使用三项制度，原国家海洋局会同财政部、国家发展和改革委员会等有关部门制定了50多个规范性文件和技术标准，规范海域使用管理。通过海域管理，保障了国家重大基础设施、海洋战略性新兴产业、沿海新型城镇化等用海需求，拉动了沿海经济发展和就业增长，促进了海洋产业结构调整和转型升级。随着海洋经济的快速发展，海域资源约束趋紧，行业用海矛盾日益突出。由于技术等因素，多年的粗放式海域管理积累了一些问题，如海域使用的特殊性导致部分实际用海情况与批准用海情况并不相符，在一些用海密集区存在用海重叠、坐标系与管理标准不统一等现象，这些问题降低了行政审批效率，影响了海域管理的严肃性和权威性，对管理政策的制定造成了不利影响。此外，传统围海养殖一直是广西海洋经济的重要组成部分，而养殖用海分布、位置、规模、面积、使用人、使用年限等信息一直未全面掌握，未得到有效监管，通过开展海域权属调查，摸清海域使用权属现状，掌握准确完整的权属数据，为依法科学配置海域资源、提升海域管理能力提供决策依据。

　　广西海域权属调查对象主要包括两个方面：一是用海项目海域使用权属核查，即广西壮族自治区级已确权发证的用海项目的海域使用权属核查及现状调查；二是围海养殖权属调查，主要是对围海养殖的虾塘进行范围核实和权属调查。

5.2　广西海域使用权属核查

5.2.1　核查范围

　　（1）已经纳入海域使用动态监视监测系统管理的确权用海。

　　（2）海洋管理部门掌握（有登记、有记载或有批复等）的实际发生但未录入海域使用动态监视监测系统的用海。

　　（3）采用海域使用动态监视监测系统中最新遥感影像进行核对，发现的未确权用海。

（4）海洋管理部门认为有必要核查的其他用海。

5.2.2　核查内容

对核查范围内已确权发证的用海项目海域使用权的归属进行调查核实，具体调查宗海的申请人、使用权人、用海类型、坐落位置，以及与相邻宗海的位置和界址关系等。

在权属核查时，需核对用海项目权属信息与项目批复信息是否相符，并填写"确权用海项目现场核查表"。凡涉及权属、界址调整的海域使用权变更，都应根据申请变更登记内容，界址变更必须由变更宗海的申请人及相邻宗海海域使用权人亲自到场共同认定，实地进行权属核查和海籍测量，并在变更海籍调查表上签名或盖章。

实地进行权属核查时，依据海籍变更调查底图，实地对照用海现状，逐一对内业确定变化的宗海及属性信息进行全面核查和调查，查清海籍权属、使用面积、使用类型及宗海内部单元变化情况，并现场填写"确权用海项目现场核查表"，形成用海项目现场核查资料。详细核查用海项目的位置、界址、海域使用权人及联系人、用海面积、用海类型、用海用途、用海方式、用海期限、用海范围、施工进度、原海域证情况、海域使用金征收标准等权属信息是否发生变更。

5.2.3　实施过程

（1）收集用海项目确权资料，包括区域用海规划批复文件、海域使用权证书、海域使用权登记表、宗海位置图、宗海界址图等，并准备好核查目录、确权用海项目核查表和确权用海项目界址权属确认表、遥感底图。

（2）海洋主管部门发放核查通知书，并联系项目实际用海人和相邻用海人到现场指界。

（3）前往现场进行指界、签字、拍照、测量，核对用海权属信息等。具体如下。

测量：在海域使用权人和相邻用海人现场指界下完成界址测量。

填表：确权用海项目核查表由海域使用权人填写单位/个人名称、通信地址、法人姓名、身份证号、联系电话等内容，其余要素能在现场完成的尽量现场填写。确权用海项目界址权属确认表由海域使用权人、相邻用海人在界址权属确认和海域使用权人指界记事栏签字确认，其他要素由核查人员填写完成并签字。

拍照：拍照应专人负责，应与测量同步进行，现场照片数量应不少于5张，每张照片不小于1MB，至少有3张照片可以反映用海项目全貌、海域使用权人指界确认、现场测量工作照片、海域使用权人现场签字确认的真实情况。

（4）整理现场核查成果，包括"确权用海项目现场核查表"以及收集的用海项目相关材料等。

5.2.4 重点问题分析

通过广西海域使用权属核查，主要发现了获得批复的海域使用权属范围存在的两个问题：海域使用权人在用海中的各类违法违规行为，以及当前海域使用管理中存在的问题。根据问题的轻重、技术性，重点选取以下两个方面进行阐述。

5.2.4.1 超面积围填

超面积围填：卫星遥感监测时段结束时，虽然用海区域已由海洋行政主管部门批准，但部分填海、围海或构筑物用海区域超出审批范围的，判定为超面积围填《海域使用疑点疑区监测核查工作规范（试行）》。

5.2.4.2 项目范围坐标位置偏移

在本次对广西全域海域使用权属核查中，发现获批的相邻的宗海范围线存在交叉、重叠和空隙的情况。这是在日常工作中仅对单个获批用海项目数据资料进行监管不易发现的问题。通过问题宗海间几何相对位置分析，判断大部分存在问题的宗海是由于坐标系统问题，并对其进行了坐标转换从而证实了这一推断。

1. 权属图形重叠检查

首先，通过Arc GIS软件对项目空间数据进行拓扑检查，缩小核查范围（图5.1）。

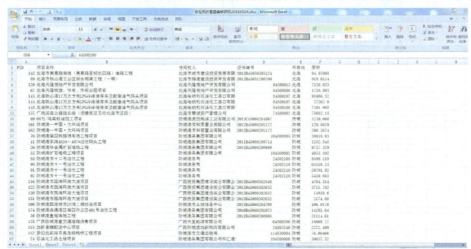

图5.1 项目空间图形拓扑检查工作表

　　其次，在系统中通过地图定位功能模块查看项目间的相对位置，如与相邻项目存在重叠、间隙，则初步确定为问题数据（图5.2）。

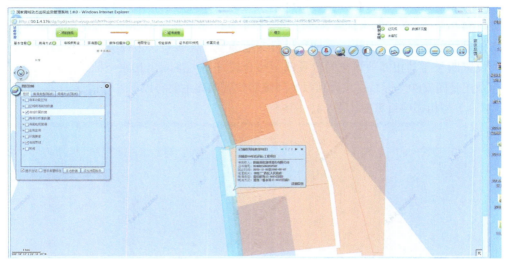

图5.2　项目相对位置示意图（系统"地图定位"模块截图）

　　再次，比对遥感影像显示的海域使用现状，如项目空间位置范围与遥感影像显示的海域现状不符的（填海现状和岸线），则初步确定为问题数据，相符则不是问题数据（图5.3）。

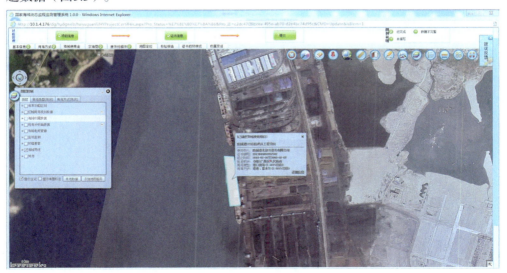

图5.3　最新遥感影像与项目空间位置范围示意图（系统"地图定位"模块截图）

2. 坐标系转换

将发现的空间位置存在偏移的50宗用海项目界址点坐标逐一利用转换参数对其进行54-2000及80-2000坐标系转换尝试，形成2000坐标系下的界址点坐标，比对遥感影像显示的填海施工现状，并抽样进行实地测量放样核查，最终有47宗用海项目空间位置四至与其相邻项目空间位置四至贴合较好，可推测出其原坐标系为北京54坐标系还是西安80坐标系，宗海项目空间图形位置偏移主要有以下三种情形。

1）与相邻项目重叠（图5.4，图5.5）

图5.4　项目1坐标转换前

图5.5　项目1坐标转换后

2）与相邻项目有间隙（图5.6，图5.7）

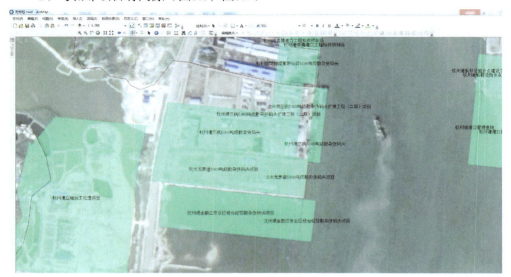

图5.6　项目2坐标转换前

图5.7　项目2坐标转换后

3）与岸线不重合，有间隙（图5.3）

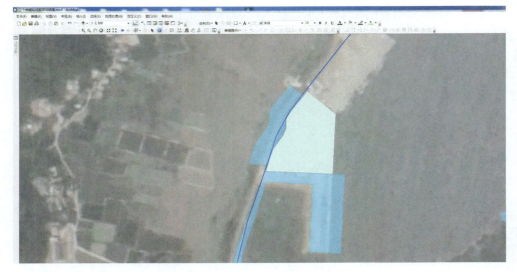

图5.8　项目3坐标转换前后

5.3　广西围海养殖权属调查

　　广西近岸围海养殖一直是广西海洋经济的一个重要组成部分，带来了较大的经济效益，在海洋经济中占着较大的比重。由于海洋行业监管与土地相比起步较晚，海洋管理部门的监管重点在于项目用海和审批管理，对围海养殖基数掌握不准确，因此，有必要摸清围海养殖底数，以加强围海养殖管理和规范围海养殖活动。

5.3.1　调查范围

　　围海养殖权属调查范围：西起中越北部湾北部海上分界线，东至粤桂海域行政区域界线，向陆一侧至广西壮族自治区人民政府批准的海岸线，向海一侧至粤桂海域行政区域界线南端点向西的直线。在此区域内，通过筑堤圈围养殖生产用海（《海域使用金征收标准》）。

5.3.2　调查内容

　　对核查范围内通过筑堤圈围养殖生产用海进行调查核实，具体调查围海养殖的使用人、起始使用时间、坐落位置，四至及范围、使用现状等信息。

5.3.3　实施过程

通过遥感解译的方式，形成围海养殖外业调查底图，通过实地调查的方式调查清楚围海养殖的相关信息，并记录在外业调查底图上。

实地勘查，核实外业调查底图上围海养殖的坐落位置、四至及范围、使用现状等信息。

组织村委会、村民代表进行权属指认，并了解起始使用时间等相关信息。

5.3.4　重点问题分析

（1）围海养殖基础数据。通过内业遥感解译，形成外业调查底图，掌握基础数据。

（2）权属调查。通过走访村委会、村民和现场调查的方法，对围海养殖基础数据进行核实，并了解围海养殖大致权属情况和使用年限（图5.9）。

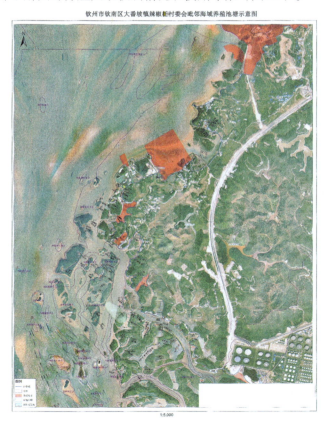

钦州市钦南区大番坡镇辣椒槌村委会毗邻海域养殖池塘示意图

1:5,000

图5.9　围海养殖外业权属调查工作图件（注：本调查不作为权属认定的依据）

5.3.5 围海养殖用海空间分布情况

据调查统计，至2019年初，广西滩涂养殖池塘面积为7319hm²，约11万亩，主要分布于铁山港湾、大风江、金鼓江、茅尾海西岸、防城港东湾等。

新中国成立后，特别是近十几年，养殖池塘的开发非常快，主要养殖对虾、蟹、鱼等。海岸滩涂转化为虾塘主要有三种方式：第一是盐田、低值田等开发为虾塘；第二是在裸滩区域进行围塘养殖，包括小海湾、沟汊以及连岛围岛养殖（如七十二泾海域）；第三是毁林（红树林）养殖，由红树林转化而来的虾塘面积较小，且多为20世纪90年代时开发的，近十几年，红树林保护力度不断加大，破坏红树林的现象已经很少（图5.10）。

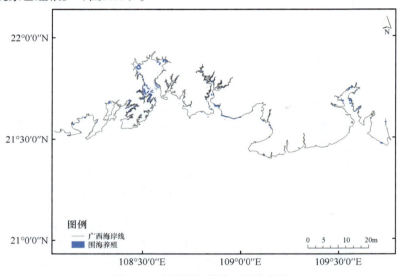

图5.10 广西围海养殖空间分布图

第6章 广西海域海籍基础调查成果

6.1 广西海域空间资源调查成果

6.1.1 海岸线

本次海域空间资源调查，对广西行政辖区内全海岸线开展了调查，形成了4万余张现场图片，涉及海岸线1628.91km（图6.1）。

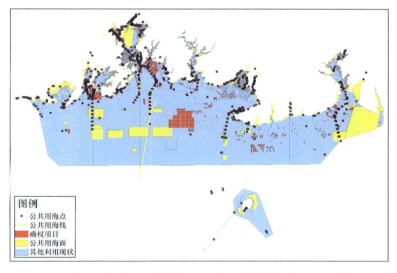

图6.1 广西海域利用现状分布图（广西海域海籍基础调查成果）

6.1.2 公共用海

本次海域空间资源调查，共收集到公共路桥、保护区、海岸防护工程（海堤）等14种类型的公共用海，建设了相应的数据库文件，形成点、线、面数据，包括5个点图层，2个面图层，7个线图层，共631条数据信息（图6.1）。

6.1.3 其他利用现状调查

本次海域空间资源调查，共调查各类图斑29 000余个，调查其他利用现状面积达587 320hm²，涉及41种利用现状类型（图6.1）。

6.2　广西海域权属调查成果

6.2.1　海域使用权属核查

本次对国家、省、市三级确权的2400余个海域使用权属项目进行了核查，涉及海域使用面积39 584hm²，发现并厘清了50宗用海范围坐标位置偏移（图6.1）。

6.2.2　围海养殖权属调查

围海养殖权属调查共调查图斑数12 000余个，面积达11 450hm²，摸清了广西围海养殖用海的坐落位置、使用权人、起始使用时间、四至及范围等权属情况。

6.3　广西海域海籍基础调查规范体系

项目组在开展广西海域海籍基础调查工作过程中摸索形成一套海域海籍基础调查规范体系，具体如下。

6.3.1　《广西海域海籍基础调查工作细则》

《广西海域海籍基础调查工作细则》（以下称《工作细则》）借鉴国土行业相关技术规范，归纳总结形成普遍适用于海域权属调查、公共用海调查和其他海域利用现状调查的技术规程，具有较强的科学性、系统性和针对性，其内容涵盖了海域权属、公共用海、其他利用现状等各类海域使用情况，对其工作目的、任务、内容、指标、流程、方法提出了具体的思路和要求，能有效解决地方调查工作不统一、调查成果形式和质量的差异、数据标准不一致等问题，有利于统一和规范调查流程及技术要求，控制调查成果质量，指导广西沿海三市开展各类别海域海籍基础调查工作。

主要技术内容：《工作细则》规定了海域海籍基础调查的目的、任务、内容、指标、流程、方法及要求，对调查的比例尺、数学基础、计量单位、调查底图制作、图斑的面积量算、精确度、测量工作流程等进行了说明并提出了统一要求，从海域使用权属、公共用海、其他利用现状和海域海籍数据库及管理系统建设等4个方面明确了具体的技术规范和要求。

对于海域使用权属调查，明确其调查范围与公共用海、其他利用现状调查范围相互衔接，确保了调查区域的完整性。对于界址调查，分别就界址未发生变化和界址发生变化或重叠、交叉、上陆等宗海图斑情况的调查进行了说明。界址点一般采用GPS定位法、解析交会法和极坐标定位法进行施测，明确测量误差不超过±0.1m。明确了编制海域海籍利用现状图、宗海界址图的必要元素，如编制海域海籍利用现状图应包括海域行政区域界线、海籍编号、界址点及界址线、单位名称、分类编码等。

对于公共用海调查，根据公共用海名录，明确了19种公共用海类型，并就每一类型的调查内容进行了说明。例如，公共航道，调查内容为水深条件、通航等级，要求分别是**米、**万吨，参考标准规范为《航道工程基本术语标准》（JTJ/T 204—96）。同时，制定了分类标准、编码和图式。公共锚地的含义为：为不特定社会船舶船队提供在水上停泊、避风、联检、编解队、水上过驳以及进行各种作业的水域；图式为   ，色彩说明：F:C70/M20，L:K100（英文字母L表示线划颜色，英文字母F表示面状填充色，数字表示颜色浓度百分比）。

对于其他利用现状调查，参考第二次全国土地调查（以下简称"二调"）和第三次全国国土调查（以下简称"三调"）分类体系，根据广西海域利用现状，制定了除获得海域使用权属审批和公共用海的区域以外适用于海域利用现状的分类标准，主要补充了红树林、盐田、养殖池塘、河口水域、海域水面等5个二级类，分为12个一级类，76个二级类。

《广西海域海籍基础调查工作细则》经过修改完善形成《广西海域海籍基础调查技术规程》，申报广西壮族自治区地方标准立项，该规程已于2019年获得广西壮族自治区地方标准立项[《广西壮族自治区市场监督管理局关于下达2019年第四批广西地方标准制定项目计划的通知》（桂市监函〔2019〕2106号）]。

6.3.2 《广西海域海籍基础调查数据库标准》

本标准规定了基础地理要素、境界与政区、地貌、海域海籍要素、公共用海要素、土地利用要素、地物要素和栅格要素等34类要素的分类代码、几何特征、数据分层，属性数据结构等。适用于海域海籍数据库建设。

6.3.3 《广西海域海籍基础调查成果检查验收实施细则》

《广西海域海籍基础调查成果检查验收实施细则》用于广西海域海籍基础调查的县级调查成果、市级汇总成果和自治区级汇总成果的检查验收工作，包括检查验收制度，检查验收程序，自治区、市、县三级成果检查验收要求，成果评价等内容。

6.3.4 《广西海域海籍基础调查成果档案管理办法》

为了加强广西海域海籍基础调查（以下简称海域海籍调查）成果档案管理工作，实现档案管理的制度化、科学化，有效地保护和利用海域海籍调查成果档案，根据《中华人民共和国档案法》《海洋科学技术研究档案业务规范》（HY/T 056—2010）等法律法规和有关规定，结合广西实际情况制定《广西海域海籍基础调查成果档案管理办法》。该办法适用于海域海籍调查档案管理，明确负责档案管理的单位、归档原则、立卷归档要求、档案移交、档案借阅制度等内容。

下 篇

海域海籍基础调查成果
应用研究

第7章 调查成果的信息化管理

7.1 调查成果信息化管理的必要性

习近平总书记关于网络安全和信息化的重要论述，把信息化作为我国抢占新一轮发展制高点、构筑国际竞争新优势的契机，"信息化为中华民族带来了千载难逢的机遇，必须发挥信息化对经济社会发展的引领作用"。"信息是国家治理的重要依据，要发挥其在这个进程中的重要作用，要以信息化推进国家治理体系和治理能力现代化"。以习近平总书记关于网络安全和信息化的重要论述为指导，中国共产党第十九次全国代表大会提出要加快建设网络强国、数字中国、智慧社会，大力推进信息化发展，已成为我国经济社会发展新阶段重要而紧迫的战略任务，我国信息化已进入全方位多层次推进的新阶段。信息化是成果共享与应用的必要路径，将成果集成，使其可视化、可更新，可分析，才能使成果得到应用和发展。

海域海籍基础调查成果的信息化管理是以本次调查形成的海域使用权属数据、公共用海数据、其他利用现状等数据为基础，利用计算机、GIS、数据库等技术，建立包括影像、图形、属性、文档等数据为一体的海域海籍基础调查数据库，以及建设一个集信息获取、处理、存储、传输、分析和应用服务为一体的海域海籍核查管理系统。

7.2 海域海籍基础数据库建设

以本次调查形成的宗海权属、宗海登记、海域利用、基础地理、影像信息等数据为基础，利用计算机、GIS、数据库和网络等技术，建设集影像、图形、地类、面积和权属为一体的海域海籍基础调查数据库。建设互联互通的海域海籍基础调查数据库管理系统，满足各级政府对海域海籍基础数据的需求。数据库以国家海域动态监视监管系统数据库为基础，建设任务包括权属信息的调查入库，坐标信息采集入库，调查附件、照片、影像资料等数据信息的规范化、标准化建库。

7.2.1 建库的基础数据资料

建库的基础数据资料为海域海籍基础调查工作收集的基础地理数据资料，根据航拍影像和正射影像内业描绘的工作底图，以及外业调绘成果等。具体包括：

①海域界线、海岸界线；②海域使用权属数据；③公共用海数据；④其他利用现状数据；⑤DOM数据；⑥基础地理数据；⑦海域海籍调查外业记录手簿；⑧海域海籍调查外业照片；⑨海域使用权属相关资料；⑩地类一致性检查记录表等数据资料。

7.2.2　数据采集与处理

海域使用动态监视监测管理系统导出的用海数据与DOM数据叠加形成外业调查和内业处理的基础，对已确权宗海数据进行核实，并调绘实际用海方式，根据海域海籍调查和宗海登记成果，建立海域海籍调查数据库。未确权部分的地物数据采集应根据外业调查成果确定相对位置和地类等属性信息，在内业放大DOM，根据影像特征确定地物边界；采用综合调绘法，可直接进行编辑处理；补测地物信息采集，应以相应图件的扫描影像数据为基础，或使用GPS等数字化设备直接采集补测地物信息；当同一要素有不同来源并发生矛盾时，核对有关资料，讨论确定要素矛盾处理方案。

7.2.2.1　数据采集的原则

1. 严格遵守规程要求的原则

在数据采集与处理过程中，严格按照《广西海域海籍基础调查工作细则》和《广西海域海籍基础调查数据库建设技术规范》的要求作业，确保数据采集的真实、准确。

2. 合理继承的原则

对已有的数据和资料，经过合法性、真实性、精度、现势性等方面的核实和认定后，对其进行相应的处理，合理继承可用数据和资料。

7.2.2.2　矢量数据的采集

1. 矢量数据采集的技术要求

（1）矢量化作业时处理好各要素之间的关系，各层要素叠加后相关关系协调一致。

（2）点状要素采集符号定位点。

（3）具有多种属性的公共边，只矢量化一次，其他层用拷贝方法生成，保证各层数据完整性。

（4）数据采集、编辑时保证线条光滑，严格相接，没有多余悬线。

（5）各要素无自相交和重复数字化的情况。

（6）在完成编辑、修改后，所有数据层数据结构符合建立拓扑关系的要求。

（7）对相邻图幅进行了接边处理，对相邻的权属单位也进行了权属接边处理。

（8）弧段的所有伪节点是不同属性弧段的分界点。

（9）有方向性的要素其数字化方向正确，需连通的地物保持连通，各层数据间关系处理正确。

2. 矢量数据的采集方法

基于正射影像的矢量化采集要规定不同要素的分层编码、线型、颜色和代码等；图内各要素与影像套合，明显界线与矢量化底图上同名地物的位移不大于0.3mm；其他利用现状等界线应以调查底图和外业调查成果为准；当同一要素有不同来源并发生矛盾时，应核对有关资料，讨论确定要素矛盾处理方案。

7.2.2.3　属性数据的采集

属性数据的采集采用手工录入、分析计算和直接导入三种方式。属性数据的采集以数据源为依据，属性值保证正确无误，同时保证属性数据与矢量数据逻辑一致性。

7.2.2.4　栅格数据的采集

1. DRG的采集

采集DRG主要采用扫描法，它是对纸介质图件进行扫描、栅格编辑、图幅定向、几何纠正等工艺处理生成DRG数据，为保证DRG的质量，采集DRG时遵循以下技术要求：①图廓线、公里格网线等内容完整，图廓点、公里格网点坐标与理论值偏差不大于一个像元；②分辨率不低于300DPI，图像清晰、不粘连；③色彩统一、RGB值正确；④与原图内容一致。

2. 存档文件的采集

存档文件指需要保存的审批文件、合同、权属资料等相关文档，采集文档资料的DRG遵循以下技术要求：①分辨率不低于300DPI，图像清晰、不粘连；②色彩统一、RGB值正确；③与原资料内容完全一致。

7.2.2.5　元数据的采集

对数据采集过程中使用的已有元数据的资料及数据，按照《国土资源信息核心元数据标准》（TD/T 1016—2003）要求对其元数据进行相应的补充、修改和完善。元数据的采集使数据项要求齐全，数据内容正确、无漏。

7.2.2.6 采集数据后的处理

1. 数据的接边处理

对分幅的矢量数据进行接边处理，在进行接边的时候遵循以下技术要求。

（1）图形数据接边时要保证图形与其相应属性数据的一致性。

（2）在相邻图幅图廓线两侧，当明显对应要素间距离小于图上0.6mm和不明显对应要素间距离小于图上2.0mm时，可直接按照影像接边，否则按实地核实后接边。接边后图廓线两侧相同要素的图形和属性数据要保持一致。

（3）不同比例尺数据接边以高精度的图形和属性要素为接边依据。

2. 矢量数据的拓扑处理

检查点、线、面之间的相互关系，对接边后的矢量数据进行重构拓扑处理，建立拓扑关系。使各要素不出现线段自相交、两线相交、线段打折、碎片多边形、悬挂点和伪节点等图形错误；数据拓扑关系正确，面要素闭合，各实体相邻的空间关系可以通过完整的拓扑结构描述；地类图斑边界与地物界线对应重合。

7.2.3 数据入库

对数据进行全面的检查，并记录检查结果，对质量检查不合格的数据予以返工，质量检查合格的数据方可入库。数据入库主要包括以下环节。

（1）根据《广西海域海籍数据库标准》要求，建立元数据库和数据索引。

（2）将经过检查合格的海域使用权属、公共用海和其他利用现状数据以及DOM、测量点、行政界线、海岸界线等基础地理信息、栅格信息数据导入海域海籍基础调查数据库，各数据入库方法如下：利用建库软件提供的数据处理和管理功能，将编辑处理的图形数据和属性数据进行入库处理，对不同数据层的数据建立索引，建立矢量数据库。对数据进行组织，录入其相关属性，建立索引库。

（3）数据库的整合与建立。

7.3 广西海域海籍核查管理系统

7.3.1 系统要解决的问题

海域使用动态监视监测管理系统的局限性：数据不能提供给海洋管理部门自由利用，不能扩展。

缺少满足本地化定制要求的系统：运管系统不能提供更符合本地化需求的更细

致更贴心的服务。

数据的碎片化、孤岛化：各个部门现有的多个系统之间不能互联互通，造成数据的碎片、孤岛化，不能实现一张图管海的设想。

无法实现数据的交易、分发：目前无法对某个区域、某个图层的数据进行自由统计、裁剪，无法实现数据的自由交易及共享分发。

7.3.2　系统的主要功能

7.3.2.1　多专题图层的管理及扩展

系统容纳了海域确权项目图层、海域其他利用现状图层、公共资源图层（红树林、保护区等）、海岸线图层、海洋功能区划图层、影像图层等各类专题图层，并可根据需要扩展添加其他海洋相关专题图层（图7.1）。

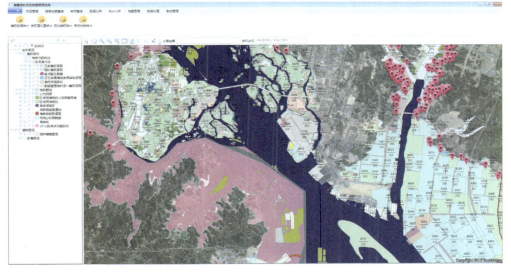

图7.1　广西海域海籍核查管理系统专题图叠加层展示

7.3.2.2　数据的导入及更新

1. 数据同步

配置好海域使用动态监视监测管理服务器的地址后，系统可以自动同步海域使用动态监视监测管理系统的数据（图7.2）。

```
app.config X BufferWindow.xaml.cs
<?xml version="1.0" encoding="utf-8"?>
<configuration>
  <configSections>
  </configSections>
  <connectionStrings>
    <add name="GXHYJ_TOOLS.Properties.Settings.ConnectionString" connectionString="User Id=gxhyj_gis,Password=supermap,Server=localhost,Direct=True,Sid=orcl,Persist Security Info=True" provide
  <startup>
    <supportedRuntime version="v4.0" sku=".NETFramework,Version=v4.0" />
  </startup>
  <appSettings>
    <add key="ConnectionString" value="Data Source=(DESCRIPTION=(ADDRESS=(PROTOCOL=TCP)(HOST=localhost)(PORT=1521))(CONNECT_DATA=(SERVICE_NAME=ORCL)));User Id=gxhyj_gis,Password=supermap" />
    <add key="WorkSpacePathString" value=".\测试工作空间\广西.smwu" />
    <add key="DatasourceNameString" value="广西海洋" />
    <add key="BufferDistance" value="500" />
    <add key="PlanDatasetName" value="Saz_Tfa_GNGH_B" />
    <add key="AppDatasetName" value="Baz_Tit_BoundaryPloy_App" />
    <add key="HistoryDatasetName" value="Baz_Tit_BoundaryPloy_His" />
    <add key="TempUsedDatasetName" value="Baz_Tit_BoundaryPloy_ST" />
    <add key="TempDatasetName" value="Baz_Tit_BoundaryPloy_Temp" />
    <add key="DianliDatasetName" value="haididianlanguandaop" />
    <add key="SeaUsedAnalyzDatasetName" value="Baz_Tit_BoundaryPloy_Inbox" />
    <add key="PublicResourceDatasetName" value="Gonggongziyuan" />
    <add key="CurrentUsedDatasetName" value="Baz_Tit_BoundaryPloy_Cur" />
    <add key="ServerPath" value="\\127.0.0.1\Upload\" />
    <add key="dgServerPath" value="http://10.160.4.16/dg/public/" />    ← 动管服务器地址
    <add key="ClientSettingsProvider.ServiceUri" value="" />
  </appSettings>
</system.web>
  <membership defaultProvider="ClientAuthenticationMembershipProvider">
    <providers>
      <add name="ClientAuthenticationMembershipProvider" type="System.Web.ClientServices.Providers.ClientFormsAuthenticationMembershipProvider, System.Web.Extensions, Version=4.0.0.0, Cultu
    </providers>
  </membership>
  <roleManager defaultProvider="ClientRoleProvider" enabled="true">
    <providers>
      <add name="ClientRoleProvider" type="System.Web.ClientServices.Providers.ClientRoleProvider, System.Web.Extensions, Version=4.0.0.0, Culture=neutral, PublicKeyToken=31bf3856ad364e35"
    </providers>
  </roleManager>
</system.web>
</configuration>
```

图7.2 同步海域使用动态监视监测管理系统操作界面

2. 数据导入

可通过导入工具将经Arc GIS等软件编辑好的shp格式文件等数据导入系统（图7.3，图7.4）。

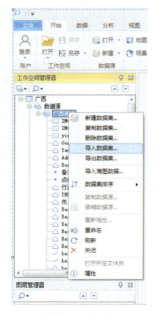

图7.3 数据导入操作（一）

图7.4　数据导入操作（二）

3. 数据更新

当数据有变动时，用户可以通过系统对单个项目的数据进行编辑更新，也可以通过导入工具进行覆盖、追加等导入数据进行更新（图7.5）。

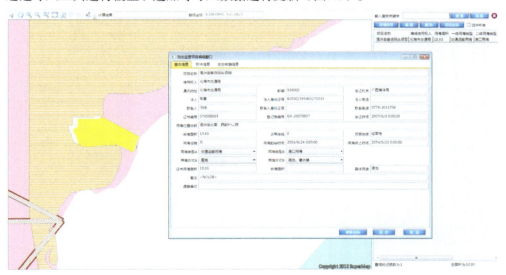

图7.5　单个项目数据编辑更新操作界面

4. 数据检查

系统可对导入的面数据进行拓扑检查，找出空间上有错误的数据并进行纠正（图7.6）。

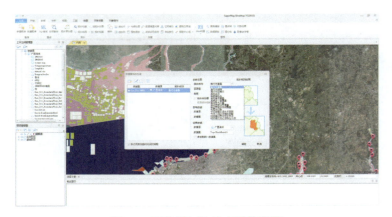

图7.6　面数据拓扑检查操作界面

7.3.2.3　查询统计及数据包导出

1. 点击查询

点击一个图斑，可以进行属性查询（图7.7）。

图7.7　单个项目属性查询操作界面

2. 专题查询

各种专题查询，如保护区、红树林、地类图斑、按证书查询等，支持关键字模糊查询，并对查询结果进行分类统计（图7.8）。

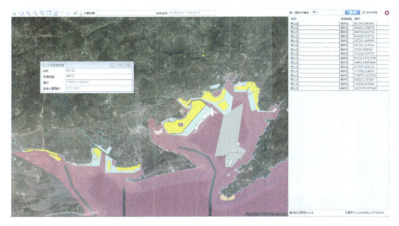

图7.8　专题查询操作界面（保护区专题查询）

3. 综合查询

根据多条件综合查询，支持关键字模糊查询并对查询结果进行分类统计（图7.9）。

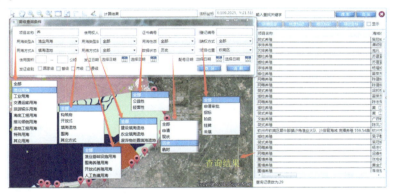

图7.9　多条件组织查询操作界面

4. 拉框查询

在图层上用鼠标任意拉选一个矩形框，可以查询出矩形框内所有可见图层的数据，进行分类统计，并可以导出原始数据包（图7.10）。

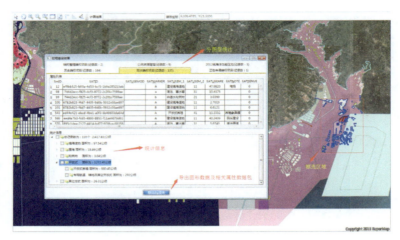

图7.10　拉框查询操作界面

7.3.2.4　数据预检及分析

1. 预检分析

数据预检分析功能展示如图7.11所示。

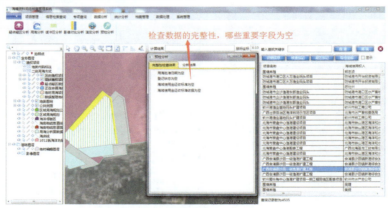

图7.11　数据预检分析功能展示

2. 用海分析

系统用海分析功能展示如图7.12所示。

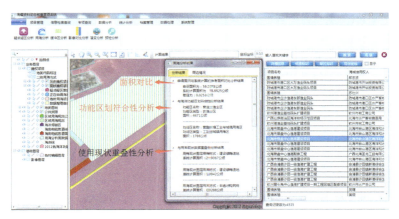

图7.12　系统用海分析功能展示

3. 缓冲区分析

缓冲区分析功能展示如图7.13所示。

图7.13　缓冲区分析功能展示

4. 影像对比分析

影像对比分析功能展示如图7.14所示。

图7.14　影像对比分析功能展示

7.3.2.5　统计图表的生成及导出

可根据不同统计口径的需要，生成及导出柱状图、饼状图和统计报表等各类统计图表（图7.15～图7.17）。

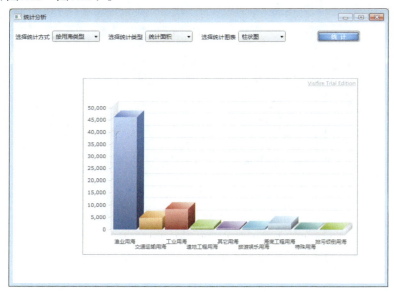

图7.15　系统生成的柱状图

图7.16　系统生成的饼状图

图7.17　海域使用权属数据市级分类面积汇总表

7.3.2.6　附件管理及关联

1. 附件上传

将附件按证书编号、拍照点编号进行命名，存放于相应目录中，进行批量上传（图7.18）。

图7.18　附件上传功能展示

2. 附件查询

按项目名称、证书编号、拍照点等查询附件（图7.19）。

	文件标题	附件类型	文件格式	文件大小	上传人	上传日期	备注	操 作
1	测试动态附件	宗海位置图	.xls	9955		9/14/2015 12:00:00 AM		查看 下载
2	动态测试2	宗海界址图	.doc	15372		9/14/2015 12:00:00 AM		查看 下载
3	动态监管测试1	宗海界址图	.xls	9955		9/14/2015 12:00:00 AM		查看 下载
4	动态监管测试1	宗海界址图	.xls	9955		9/14/2015 12:00:00 AM		查看 下载
5	dsds	宗海界址图	.docx	280608		2/23/2016 12:00:00 AM		查看 下载
6	动态监管测试附件3	宗海界址图	.xls	8912		9/14/2015 12:00:00 AM		查看 下载
7	动态监管测试附件1	宗海界址图	.xls	9955		9/14/2015 12:00:00 AM		查看 下载
8	动态监管测试附件2	宗海界址图	.xls	9955		9/14/2015 12:00:00 AM		查看 下载
9	测试2	宗海界址图	.doc	16343		9/14/2015 12:00:00 AM		查看 下载
10	的沙发啊发生	宗海界址图	.doc	94720		7/15/2015 12:00:00 AM		查看 下载
11	的发发撒	宗海位置图	.docx	14365		7/15/2015 12:00:00 AM		查看 下载
12	测试1	其他附件	.docx	13787	我	7/15/2015 12:00:00 AM	试试	查看 下载
13	动态监管附件测试1	宗海界址图	.xls	9955		9/14/2015 12:00:00 AM		查看 下载
14	动态监管附件测试2	宗海界址图	.xls	9955		9/14/2015 12:00:00 AM		查看 下载
15	动态监管测试3	宗海界址图	.doc	15372		9/14/2015 12:00:00 AM		查看 下载
16	动态核查附件测试1	宗海界址图	.xls	9955		9/14/2015 12:00:00 AM		查看 下载
17	动态核查附件测试1	宗海界址图	.xls	9955		9/14/2015 12:00:00 AM		查看 下载
18	动态核查附件测试1	宗海界址图	.xls	9955		9/14/2015 12:00:00 AM		查看 下载
19	动态附件测试1	宗海界址图	.doc	16343		9/14/2015 12:00:00 AM		查看 下载
20	动态附件测试1	宗海界址图	.doc	16343		9/14/2015 12:00:00 AM		查看 下载
21	dfdfd	宗海界址图	.docx	295290		1/28/2016 12:00:00 AM		查看 下载
22		调查照片及附件	JPG	5655439		7/19/2016 12:00:00 AM		查看 下载
23		调查照片及附件	JPG	5862310		7/19/2016 12:00:00 AM		查看 下载
24		调查照片及附件	JPG	5469485		7/19/2016 12:00:00 AM		查看 下载

图7.19　附件查询功能展示

3. 图斑、拍照点关联附件浏览

将附件与拍照点、图斑关联，点击"图斑属性"功能按钮或点击拍照点，可以浏览附件（图7.20）。

图7.20　拍照点关联图片浏览

7.3.2.7　用户权限及数据字典管理

用户权限操作界面和数据字典管理操作界面如图7.21和图7.22所示。

图7.21　用户权限操作界面

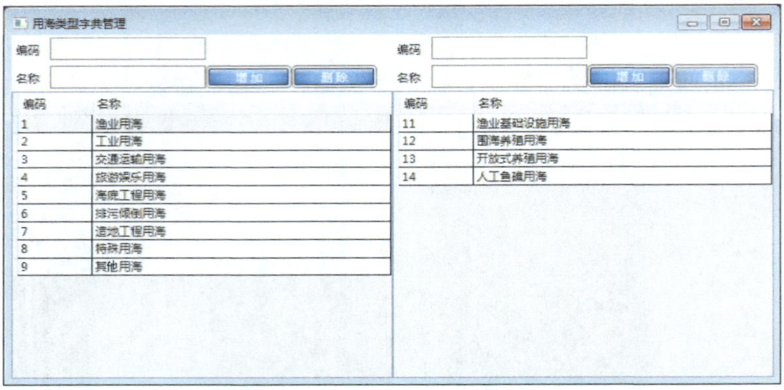

图7.22　数据字典管理操作界面

7.4　系统及数据应用前景

　　围绕全面落实海洋强国战略，不断完善海洋综合数据库，强化海洋信息分析处理能力，开展国内外海洋数据资源的汇集处理和挖掘分析，推进海洋综合监管与应用，整合集成海洋领域专题业务应用系统，深入拓展海洋信息智能应用，维护国家海洋权益，监督管理海域海岛开发利用活动，监测预警海洋生态、灾害，促进海洋经济发展。建立完善基于GIS的海岸带空间规划技术体系，完善构建智慧海洋数据库，科学分析海岸带自然资源禀赋和承载能力、产业基础和发展潜力，同时为广西海岸带综合保护与利用画好生态优先、节约利用、绿色发展的路线图。

7.4.1　系统应用前景

　　建设更新数据全量查询检索系统，整合建立涵盖全部海洋环境、海洋地理和海洋专题信息的海洋综合数据库，实现全部海洋数据资源的集中管理和统一查询检索。辅助海洋行政主管部门进行批后监管及海洋执法，用海规划及海域使用论证，海洋生物资源统计，海岸线管理等方面的监管决策。形成一套系统、一个数据库、一张底图、多种应用。

7.4.2　数据应用前景

　　完善分类分级海洋数据管理体系，优化海洋环境数据库，建立海洋基础地理与遥感、海洋经济、海域海岛、海洋生态保护、海洋权益、海洋生态预警监测、海洋预报减灾与环境保障等海洋专题数据库；接入云平台，实现数据交易、数据共享、公共服务；利用大数据，进行防灾减灾、风暴潮预警、辅助决策、污染范围预测等分析。

第8章　围填海资源调查

8.1　围填海概念内涵

国家在2016年开展了围填海专项督察，并围绕围填海开展了一系列的工作，使围填海成为近几年行业关注的重点。2018年自然资源部办公厅印发《自然资源部办公厅关于开展全国围填海现状调查的通知》《围填海现状调查技术规程（试行）》，明确了围填海的定义，围填海是指筑堤围割海域并最终填成陆域的用海活动。

8.2　围填海的特点

8.2.1　海域自然属性的不可逆

围填海活动是通过相应的施工过程，将大面积的浅滩或海湾填成陆地，彻底由海域属性变为陆地属性，改变了海域的属性，海域填成陆域后，要恢复海域的自然属性较难，即使进行拆除，也难以恢复原有的自然生态环境。

8.2.2　陆海相连的特殊区位

围填海具有陆海相连的特殊区位，与海域和陆域都存在着不可分割的区位联系，可能以周边为海域的人工岛的形式存在，也可能是依陆面海的区位。

8.2.3　具有与土地相似的特性

围填海成陆域后，具有与土地相似的特性，如位置的固定性，即其空间位置是固定的，无法通过技术手段和运输来进行移动。与土地一样，具有承载功能，成为人类进行生活和生产活动的空间与场所，是进行房屋、道路等建设的地基。

8.3 广西围填海发展历程

8.3.1 工业和城镇建设围填海发展

2000年以来，随着沿海地区实施新一轮的海洋开发战略，围填海造地成为缓解土地资源紧缺的方式，引起了社会各界的高度关注，围填海规模加速扩大，而且出现了项目圈占滩涂、低效用地等现象。

8.3.2 围填海实行年度计划管理

为合理开发利用海域资源，整顿和规范围填海秩序，2009年11月，《国家发展改革委 国家海洋局关于加强围填海规划计划管理的通知》要求建立区域用海规划制度，加强对集中连片围填海的管理；实施围填海年度计划管理，严格规范计划指标的使用。2010～2016年围填海实行年度计划管理，每年由国家下达围填海年度计划指标，2011年12月，国家发展和改革委员会、国家海洋局联合发布《围填海计划管理办法》，规范围填海年度计划指标的使用，并加强对围填海年度计划指标的监管。

8.3.3 史上最严围填海管控措施

2016年12月为全面推进海洋生态文明建设，切实加强海洋资源管理和海洋生态环境保护工作，强化政府内部层级监督和专项监督，健全海洋督察制度，经国务院同意，国家海洋局印发了《海洋督察方案》。2017年，国家海洋局组建国家海洋督察组，分两批对沿海11个省（区、市）开展了围填海专项督察，同步对河北、福建和广东三省开展了例行督察，第一批为辽宁、河北、江苏、福建、广西、海南六省（区），第二批为天津、山东、上海、浙江、广东5个省（直辖市），重点查摆、解决围填海管理方面存在的"失序、失度、失衡"等问题。督察结果显示，沿海各地普遍存在不合理乃至违法围填海，给海洋生态环境、海洋开发秩序带来了一系列问题。具体存在三个方面带有共性的突出问题：一是严管严控围填海政策法规落实不到位，围填海空置现象普遍存在；二是围填海项目审批不规范、监管不到位；三是海洋生态环境保护问题突出（刘诗平，2018）。

2018年1月17日，国家海洋局召开围填海情况新闻发布会，结合围填海专项督察整改工作，发布"史上最严围填海管控措施"。"十个一律""三个强化"，具体包括：违法且严重破坏海洋生态环境的围海，分期分批，一律拟拆除；非法设置且严重破坏海洋生态环境的排污口，分期分批，一律关闭；围填海形成的、长期闲置的土地，一律依法收归国有；审批监管不作为、乱作为，一律问责；对批而未填且不符合现行用海政策的围填海项目，一律停止；通过围填海进行商业地产开发的，一律禁止；非涉及国计民生的建设项目真海，一律不批；渤海海域的围填海，一律禁止；围填海审批权，一律不得下放；年度围填海计划指标，一律不再分省下达；坚持"谁破坏，谁修复"的原则，强化生态修复；以海岸带规划为引导，强化项目用海需求审查；加大审核督察力度，强化围真海日常监管。

8.4　广西围填海资源现状

2018年7月，为切实提高滨海湿地保护水平，严格管控围填海活动，国务院印发《国务院关于加强滨海湿地保护严格管控围填海的通知》（国发〔2018〕24号），要求全面开展围填海现状调查，确定围填海历史遗留问题清单，制定围填海历史遗留问题处理方案。2018年下半年自然资源部办公厅印发《自然资源部办公厅关于开展全国围填海现状调查的通知》（自然资办函〔2018〕1050号），部署开展全国围填海现状调查，按照《全国围填海现状调查工作方案》《围填海现状调查技术规程（试行）》开展。2018年9月，广西组织开展围填海现状调查工作，主要掌握围填海的审批情况、用海主体、用海面积、利用现状等信息，重点查明违法违规围填海和围而未填、填而不用情况，确定围填海历史遗留问题清单和处理方案，分析评价围填海总体规模、空间分布和开发利用现状，为制定围填海管控政策、妥善处理围填海历史遗留问题提供决策依据。

其调查范围为广西壮族自治区人民政府2008年以来批准的海岸线向海一侧的围填海，包括2002年以来的围填海、围海养殖项目共2270宗。根据广西围填海现状调查成果，广西围填海总面积为10 883hm²，已填成陆域且已利用7403hm²，已填成陆域但未利用552hm²，围而未填935hm²，批而未填1993hm²（图8.1）。

图8.1　广西主要围填海区域分布示意图（围填海空间分布格局）

第9章　海域动态监管综合实践

2002年1月施行的《中华人民共和国海域使用管理法》第五条规定，"国家建立海域使用管理信息系统，对海域使用状况实施监视、监测"。2002年8月，《国家信息化领导小组关于我国电子政务建设指导意见》（中办发〔2002〕17号文件）指出，"启动人口基础信息库、法人单位基础信息库、自然资源和空间地理基础信息库、宏观经济数据库的建设"。2002年11月，中国共产党第十六次全国代表大会的报告要求，"进一步转变政府职能，改进管理方式，推行电子政务，提高行政效率"。2002年12月，《国务院关于全国海洋功能区划的批复》（国函〔2002〕77号）提出，"进一步加强海洋资源与环境、使用状况的调查与评价，建立海洋功能区划管理信息系统。要全方位跟踪和监测海域使用状况和环境质量状况，强化政府对海域使用和海洋环境保护的监督管理，提高各级海洋行政主管部门和其他涉海部门综合决策能力和管理水平"。2003年，《国务院关于印发全国海洋经济发展规划纲要的通知》（国发〔2003〕13号）指出，"努力发展海洋信息技术，建立海洋空间基础地理信息系统，大力推进海洋政务信息化工作"。

2004年，胡锦涛同志在中央人口资源环境工作座谈会的讲话中指出："开发海洋是推动我国经济社会发展的一项战略任务，要加强海洋调查、评价和规划，全面推进海域使用管理，加强海洋环境保护，促进海洋开发和经济发展"。同年，温家宝同志向国家海洋局下达重要指示："国家海洋局要把工作重点放在规划、立法和管理上"，并要求"海域资源和生态环境的保护要加强，管理要统一、有序、有力"。国家逐步加强了对海域的综合监管。

9.1　海域使用动态监视监测

9.1.1　海域使用动态监视监测的概念

海域使用动态监视监测是运用地理信息系统、遥感和计算机网络等信息技术，通过卫星遥感、无人机航空遥感、现场监测、视频监控等手段，对海岸线、海湾（河口）、滩涂和建设项目用海、区域用海规划、海域使用疑点疑区等海域空间资源状况和海域开发利用现状进行全天候、全覆盖、全要素监视监测。海域使用动态监视监测是海域综合管理的重要手段，实现对近岸海域开发活动的有效监测，加快海洋行政执法的反应速度，提高海域使用管理的决策水平（王厚军等，2017）。

9.1.2　海域使用动态监视监测的发展历程

2005年，海域使用动态监视监测管理系统建设项目经批准立项，完成了项目总体实施方案的编制，明确了2个省、7个市作为项目的试点单位，全面启动了海域使用动态监视监测管理系统建设项目。

2006年，在山东、福建2个省以及葫芦岛、威海、青岛、连云港、厦门、泉州和广州等7个市开展了系统建设试点工作，成效显著。国家海洋局下发了《国家海域使用动态监视监测管理系统建设与管理的意见》、《国家海域使用动态监视监测管理系统总体实施方案》、《国家海域使用动态监视监测管理系统机构体系总体实施方案》等6个技术规程和4个管理办法，基本完成了国家海域使用动态监视监测管理系统的技术和管理制度建设。

2007年3月，国家海域使用动态监视监测管理系统形成了国家指挥中心、国家监管中心、同步数据中心、网管中心以及11个省级监管中心、49个市级监管中心的监管体系。

2009年，国家海域使用动态监视监测管理系统建设全部完成，国家、省、市三级业务机构基本建立，64个节点全部连通，系统正式进入业务化运行阶段。

2010年8月，启动全国海域使用权属数据整理工作。

2012年，国家海域使用动态监视监测管理系统应用不断深化，沿海各地通过系统开展海域使用权证书统一配号、海域使用统计和围填海计划台账动态管理，大大提高了海域管理的信息化水平。海南、辽宁、江苏启动第一批海域无人机遥感监测基地建设。

9.1.3　建设项目用海监视监测

通过对建设项目用海动态进行监视监测，全面掌握项目用海实施进展和实际开发利用状况，及时发现和防范用海活动对周边海域造成的影响，促进海域资源集约节约利用，有效保护海洋生态环境，提升建设项目海域使用事中事后监管能力，切实维护海域使用秩序，及时遏制违法违规用海行为。建设项目用海的主要监测时段包括施工前、施工期、填海完工后和后评估期（图9.1）。

1）施工前监测

施工前监测时段为项目用海批复后至项目施工前。监测内容包括项目海域使用现状、原始岸线特征、毗邻海域开发利用情况等。

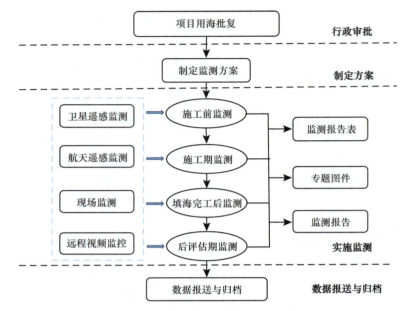

图9.1 建设项目海域使用动态监视监测工作流程

2）施工期监测

施工期监测时段为项目用海开始施工至围填海完工前。原则上每季度开展一次现场监测，具体频次可根据用海项目实际情况调整，每年开展一次卫星遥感监测。监测内容包括项目基本特征、实施情况、施工方案、显著影响。

3）填海完工后监测

填海完工后监测时段为项目围填海工程施工结束后。项目填海完工后30个工作日内开展一次监测。监测内容主要为项目基本特征。

4）后评估期监测

后评估期监测时段为项目投产运营1年后。监测内容主要为项目运营期后评估内容。

9.1.4　区域用海规划监视监测

开展区域用海规划实施前、规划期、后评估监视监测，全面掌握区域用海规划范围内海域开发利用现状情况和建设运营情况，为各级海洋行政主管部门及时调整用海政策、提升海域管控水平提供技术支持，促进海域资源集约节约利用，推进海洋生态文明建设。区域用海规划实施情况监测分为三个时段：实施前、规划期和后评估（图9.2）。

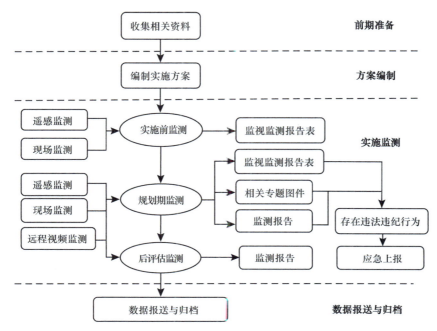

图9.2　区域用海规划实施情况监视监测工作流程

9.1.5　疑点疑区核查监测

以卫星遥感、航空遥感、现场监测为主要技术手段，及时发现填海、围海和构筑物等海域使用疑点疑区并进行核实，为海域综合管理和海洋执法提供真实有效的信息，维护用海秩序（图9.3）。

1）资料准备

资料准备包括卫星遥感影像、海域管理岸线、区域用海规划、海域权属数据、基础地理数据等资料的收集、整理。卫星遥感影像数据由国家统一购置、处理。

2）提取海域使用遥感变化图斑

对比前后两个时相的遥感影像，结合海域管理岸线，根据影像特征，采用人工解译和自动变化检测相结合的技术手段，提取监测时段监测区内新增填海、围海和构筑物用海以及用海方式存在变化的图斑。

3）筛选海域使用疑点疑区图斑

利用国家海域动态监视监测管理系统，结合海洋功能区划、区域用海规划和海域使用权属数据，对海域使用遥感变化图斑进行筛选，提取尚未批复、擅自改变用海方式以及超面积、超界址、不符合海洋功能区划、不符合区域用海规划、区域用海规划已批但规划范围内单体用海项目未批等情况的海域使用疑点疑区图斑，并计

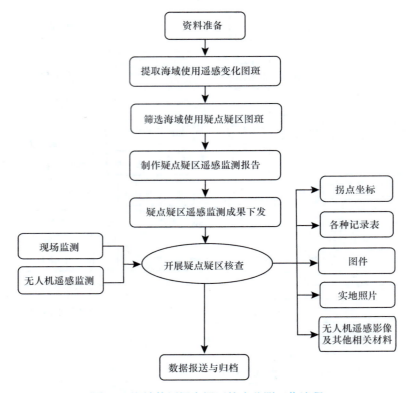

图9.3 海域使用疑点疑区核查监测工作流程

算图斑面积，确定疑点疑区位置、所在海洋功能区划、周边用海项目、疑点疑区类型和用海变化动态等信息。

4）制作疑点疑区遥感监测报告

对发现的疑点疑区按照分布情况、变化情况、用海方式、疑点疑区类型等进行统计、分析，制作疑点疑区核查清单和相关图件，并按要求编制海域使用疑点疑区遥感监测报告。

5）疑点疑区遥感监测成果下发

疑点疑区监测报告经原国家海洋局审查后，对需要进行现场核查的数据，统一下发至省级海洋行政主管部门，由省级海洋行政主管部门在3个工作日内下发至所在地市进行核查。

6）开展疑点疑区核查

核查内容包括：查看疑点疑区斑块是否确权，是否属于临时性用海，确认是否属于疑点疑区；测量疑点疑区实际拐点坐标，核实实际占用海岸线和海域情况；查验用海方式和用海类型，调查掌握用海实际情况和实际用海人；查看用海是否符合最新的海洋功能区划、区域用海规划，是否存在超面积、超界址情况；核实疑点疑区类型和用海动态情况，拍摄现场照片，做好相关记录。核查手段包括现场监测和无人机遥感监测两种方式。

现场监测主要是开展实地测量，并对实际用海人以及疑点疑区对周边用海情况的影响等进行调查，经内业处理后计算实际用海面积，制作适当比例尺的疑点疑区现场核查成果图。

根据核查需要和现场实际情况，对面积较大或不适宜进入现场进行核查等情况，可通过无人机遥感开展疑点疑区监测工作，获取高精度、大范围的影像和现场视频，对疑点疑区进行核实。无人机遥感影像要求分辨率不低于0.5m、定位精度不低于1m。

9.2　海域海籍基础调查成果在海域使用动态监视监测工作中的应用

9.2.1　数据共享

国家海域动态监视监测管理系统是以政府管理和社会需求为导向，以国家、省（自治区、直辖市）、市、县4级海域动态监管机构为支撑，对海洋功能区划、海域使用权属、围填海管理等海域综合管理业务进行信息化管理，建立具备业务管理、监视监测、决策支持、信息服务和视频会商等五大功能的海域综合业务管理与服务系统（王厚军等，2017）。国家海域动态监视监测管理系统包含基本业务子系统、辅助决策子系统、公文管理子系统、人员管理子系统4个系统，其中基本业务子系统分为海洋功能区划、区域用海规划、围填海计划、海域权属管理、海域使用执法、动态监视监测、地图定位分析、资源状况、专题评价报告等模块。

海域海籍基础调查数据库是以国家海域动态监视监管系统数据库及广西海籍基础调查（2014～2017年）形成的宗海权属、宗海登记、海域利用、基础地理、影像等信息数据为基础，根据《广西海域海籍基础调查数据库标准》的要求，利用计算机、地理信息技术、数据库和网络等技术，结合海域海籍业务管理进行系统开发，建设覆盖自治区、市（地）、县三级，集影像、图形、地类、面积和权属为一体的数据库。

通过对广西壮族自治区域海洋的地籍数据进行全面、统一的整理和建库，实现海域海籍基础调查数据库与国家海域动态监视监测系统的数据对接，构建集海域使用权属现状数据库、历史整理数据库、变更数据库、基础地理数据库、遥感影像数据库、功能区划数据库、现场核查调查数据库、疑点疑区数据库以及属性、表格和文档资料于一体的权威、统一的海籍地理空间框架数据管理平台，满足各级政府对海域海籍基础数据的需求。

9.2.2 数据结构

海域海籍基础调查数据库基于SuperMap GIS平台，采用C/S和J2EE的技术架构；总体架构分为4个层次，分别为支撑层、数据层、平台层以及系统应用层。总体架构图如图9.4所示。

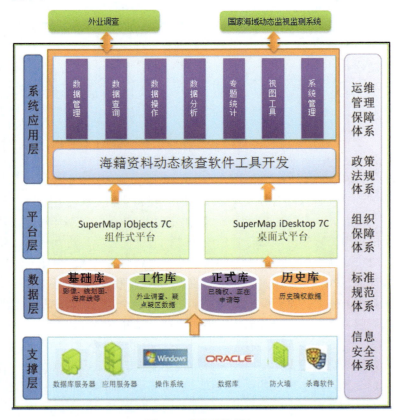

图9.4 系统总体框架

系统应用层是基于超图基础地理信息平台软件产品的接口，通过二次开发，提供的可直接供用户操作使用的应用系统。应用层建设主要为"海籍资料动态核查软件工具开发"的功能开发。

平台层主要面向开发者，通过提供一系列标准规范的开发接口，方便开发者快速搭建或集成业务系统。

数据层是系统运行和服务的基础，由基础库、工作库、正式库、历史库组成。基础库主要包括：1：5000线划数据、行政区划图、区域规划公共设施数据、区域用海规划数据、用海分析面数据、"908专项"海岸线数据、海洋功能区划数据、区域公共资源数据、影像数据。工作库主要包括：外业调查数据、疑点疑区数据、区域海岸线数据。正式库主要包括：正在申请项目数据、已确权项目数据、临时用海项目数据、临时确权项目数据。历史库主要包括：历史确权项目数据。

　　支撑层是平台运行的支撑与保障，包括网络设备、支撑软件和保障系统（信息安全体系、标准规范体系、组织保障体系、政策法规体系、运维管理保障体系）等内容。

9.2.3　系统接口

　　海域海籍基础调查数据库与国家海域动态监视监测管理系统的接口共有4种：地图服务接口、统一配号接口、行政管理业务数据共享接口和动态监视监测数据共享接口。

　　系统对接的数据交换方式为：针对同一配号，系统提供WebService方式进行数据交换，实现配号空间数据、属性数据、相关附件的交互，针对地图服务，系统提供Rest方式进行数据交换，可实现空间数据的查询与地图服务的叠加。

　　1）地图服务接口

　　系统提供标准的Arc GIS地图服务接口给其他子系统，可以直接在地图服务上进行叠加查看。

　　2）统一配号接口

　　实现统一配号过程中需要交换的数据包括统一配号确权项目信息、统一配号确权证书信息、确权证书空间信息、海域使用金缴纳接口。

　　3）行政管理业务数据共享接口

　　通过对接行政管理业务数据，实现海洋功能区划信息、区域用海规划信息、海域权属确权项目信息、权属登记信息、围填海计划信息、海底电缆管道信息的共享。

　　4）动态监视监测数据共享接口

　　实现监测任务和监测内容的共享。

9.2.4　数据管理

　　1）导入确权项目

　　实现从"国家海域动态监视监测管理系统"中导出单个确权项目文件，文件格式为excel或xml格式。

　　导入确权项目IPO：

GXHJTOOLS_REQ_1	
功能名称	导入确权项目
输入	文件路径
操作流程	
启动说明	用户点击"导入确权项目"菜单按钮
完成标志	显示导入结果
主要过程	1. 用户点击浏览文件按钮 2. 在弹出的文件浏览窗口选中符合要求的文件 3. 点击导入按钮 4. 程序在后台读取文件中的内容，插入到相关数据表中 5. 显示导入结果（导入成功或导入失败）
分支过程	无
总结	
输出	显示导入结果（导入成功或导入失败）

2）导出确权项目

实现将确权项目从系统中导出为符合"国家海域动态监视监测管理系统"要求的记录文件，文件格式为excel或xml格式。

导出确权项目IPO：

LZPDMS_REQ_2	
功能名称	导出确权项目
输入	确权项目的查询条件 选中要导出的确权项目 导出路径和文件名称
操作流程	
启动说明	用户点击"导出确权项目"菜单按钮
完成标志	生成导出文件并显示导出确权项目结果
主要过程	1. 输入确权项目的查询条件 2. 在查询结果列表中选择要导出的记录 3. 选择导出路径和文件名称 4. 将选择的记录信息写入文件中
分支过程	无
总结	
输出	导出文件及导出结果（导出成功或导出失败）

3）打印输出

实现将选中的地图区域进行打印。

打印输出IPO：

GXHJTOOLS_REQ_3	
功能名称	打印输出
输入	地图的打印区域
操作流程	
启动说明	月户点击"打印输出"菜单按钮
完成标志	调出操作系统打印功能
主要过程	1. 选择地图打印区域 2. 将地图打印区域输出为图片 3. 调用操作系统打印服务进行打印
分支过程	无
总结	
输出	框选的地图打印区域

9.3 海域海籍基础调查与海域使用动态监视监测工作的区别和联系

9.3.1 海域海籍基础调查与海域使用动态监视监测的联系

海域海籍基础调查的主要工作内容包括海域使用权属数据调查、公共用海调查、其他利用现状调查、海岸线勘察、数据库及管理系统建设及成果编制。其中，海域使用权属数据调查的成果可为海域动态监视监测中重点建设项目的监视监测工作提供参考。在进行海岸线勘察时，调查自然岸线变化情况，掌握实际现状，其工作内容与海域使用动态监视监测中的岸线等空间资源监测重叠，成果亦可为海域使用动态监视监测中重点岸段的监视监测提供参考。此外，海域海籍基础调查数据库与国家海域动态监视监测管理系统实现数据共享。海域海籍基础调查成果的应用，减少了海域使用动态监视监测工作的某些工作步骤和程序，降低了项目工作的负担，提高了项目实施的效率，也在一定程度上丰富了海域使用动态监视监测的成果。

9.3.2 海域海籍基础调查与海域使用动态监视监测工作的区别

9.3.2.1 海籍基础调查的工作规则比海域使用动态监视监测工作规则细则

为规范海域海籍基础调查工作，制定了《广西海域海籍基础调查工作细则》。《海籍调查规范》（HY/T 124—2009）规定，海籍调查的内容包括权属核查、宗海界址界定、海籍测量、面积量算，以及宗海图和海籍图绘制等。《广西海域海籍基础调查工作细则》的规范范围更广，在遵循国家标准和技术规范的基础上，除对海域使用权属数据调查细则予以规定外，还对公共用海调查、其他利用现状调查和海域海籍数据库及管理系统建设进行了规范，从调查的目的、内容、分类、技术要求到调查数据的统计汇总和项目成果的检查验收，贯穿海域海籍基础调查的全过程，为全面查清海域海籍利用现状、掌握真实的基础数据提供制度基础，为细化海域使用动态监视监测工作提供了参考。

9.3.2.2 海籍基础调查的调查范围比海域使用动态监视监测广

（1）海籍基础调查的范围。广西海域海籍基础调查的主要内容是根据国家《海籍调查规范》（HY/T 124—2009）、《海域使用分类》（HY/T 123—2009）和《广西海域海籍基础调查工作细则》，以近期正射影像图作为调查工作基础底图，对防城港全市（港口区、防城区、东兴市）、北海市铁山港区和合浦县沿海岸线周边海域使用现状情况进行全面调查。包括对海岸线进行勘查，掌握实际现状；对所有批复用海项目利用现状进行核查，调查本宗海的权属现状，以及与相邻宗海的位置与界址关系等，梳理发现用海项目存在的问题；对滩涂、海湾、红树林等海域相关资源及养殖虾塘、历史用海等利用现状进行详细调查，全面掌握海域开发使用现状。

（2）海域使用动态监视监测的范围。海域动态监视监测是国家海域动态监视监管系统运行与维护的一项重要任务，主要对海域空间资源（包括岸线、河口和海湾等）、重点建设用海项目、疑点疑区以及区域用海规划等开展监视监测，监测内容包括权属监视监测、在建工程用海项目监视监测、核查监测、突发事件监测、海洋灾害监测，实时掌握国家海域使用动态信息。

由上述可知，海域海籍基础调查不仅对海域动态监视监测的监测对象即确权用海项目和海域空间资源开展监测，同时对公共用海以及养殖池塘等其他现状地类进行调查，补充了海域使用动态监视监测的范围，全面细化和完善海域使用基础数据，极大地丰富了监测成果，及时掌握海域开发活动情况，加快海洋行政执法的反应速度，提高政府部门的海域使用管理决策水平。

9.4 海域使用动态监视监测工作的优化建议

9.4.1 完善调查实施细则

基于海域开发利用活动的复杂性，要想准确、全面地掌握海域使用情况，需要从调查的目的、内容、分类及技术要求等方面对海域使用动态监视监测工作作进一步细化。《广西海域海籍基础调查工作细则》在充分运用海籍调查、土地调查等标准规范和国家相关政策规定及结合项目实际需要的基础上，首次将海域管理数据、沿海土地利用现状数据、公共用海情况等进行统一规范和编码。海域使用动态监视监测可在遵守国家和自治区海域管理相关法律法规以及海域使用动态监视监测相关工作规范等的前提下，参考《广西海域海籍基础调查工作细则》，同时结合近年出台的《海岸线保护与利用管理办法》《围填海工程生态建设技术指南（试行）》《广西壮族自治区人民政府关于深化用海管理体制机制改革的意见》等法律法规，制定并完善符合广西实际的海域使用动态监视监测工作细则，进一步规范海域使用动态监视监测，为以实现生态管海用海和依法管海治海为目标的海域使用动态监视监测工作提供科学有效的操作标准和实施规范。

9.4.2 补充调查范围

随着国民社会经济发展对海域资源的需求逐渐加大，滨海旅游、临海工业开发、海洋油气开采等开发活动的日趋频繁，海洋现代服务业和海洋装备制造业的日益发展，广西海洋开发密度和强度将持续加大，海域管理在用海活动监管方面面临更大压力。补充调查范围，加强对公共用海及其他利用现状调查，全面细化和完善海域使用基础数据，实现广西海洋开发利用、海域使用管理活动的动态监视监测，为自治区各级政府部门、涉海部门等提供更全面、准确的海域管理和监测数据，为科学配置海域资源、优化海洋产业布局、调整用海政策等提供充分扎实的决策依据。

9.5 县级海域动态监管能力建设

如前文所述，为全面提升海域综合管理网络化、信息化、科学化水平，国家海洋局于2006年启动了国家海域动态监视监测管理系统建设，分两个阶段进行，经过几年的建设，初有成效，但总体来看，目前海域动态监管体系尚不完整，仅构建了国家、省、市三级体系；监测手段相对薄弱，以遥感监测为主，现场监测数据较为缺乏；监测内容较为单一，基本以围填海监测为主，对养殖用海等其他用海类型尚未开展有效监测；监管业务难以深入海域管理第一线，上下协同、决策会商、应急处置等不能延伸到基层海洋部门；县级海洋部门缺乏有效的技术支撑，难以形成整体的监管合力。

2014年为推动国家海域动态监视监测管理系统建设，完善国家、省、市、县四级海域动态监管体系，提升海洋综合管控能力，国家海洋局党组决定启动县级海域动态监管能力建设项目。

根据国家海洋局印发的《县级海域动态监管能力建设项目总体实施方案》的要求，结合广西实际情况，对广西县级海域动态监管能力进行全面建设。同时，为确保国家、省、市、县四级的互联互通，对省、市两级节点原有设备进行更新和补充购置，对原有运行保障环境进行升级改造，实现系统稳定运行。根据《广西壮族自治区县级海域动态监管能力建设项目实施方案》，工作内容主要包括常规监测能力建设、应急监测能力建设、信息处理能力建设、基础数据体系建设、专线传输网络建设、视频会商系统建设、运行保障环境建设和机构队伍建设等8个方面。

1）常规监测能力建设

常规监测能力建设是指为满足海域空间资源监测、海域使用现状核查监测等需要而配备相关设备。

2）应急监测能力建设

应急监测能力建设是指为满足县级海域使用应急监测、应急通信、应急指挥等需要而配备相关设备。

3）信息处理能力建设

信息处理能力建设是指为满足监测数据处理、制图、监视监测成果编制、海域使用权证书统一配号、证书打印、扫描、上传等日常办公的需要而配备相关设备。

4）基础数据体系建设

基础数据体系建设是指在为满足海域使用行政审批、辅助决策、专题评价成果制作等需要而开展的海域收集整理入库工作，建设内容包括海域使用权属数据、公共用海数据、海域资源环境数据、涉海规划和统计数据等的收集整理入库。

5）专线传输网络建设

专线传输网络建设是指为满足海域专网数据传输与网络信息安全，实现所有县级节点专网安全接入和专网无线信号近岸海域有效覆盖而配备相关设备。

6）视频会商系统建设

视频会商系统建设是实现县级与现有国家、省、市三级开展海域动态高清视频会商。

7）运行保障环境建设

运行保障环境建设是确保县级系统运行环境安全稳定。

8）机构队伍建设

各县成立县级海域动态监管机构，挂"××县国家海域动态监管中心"牌子。

9.6　广西壮族自治区级海域基础数据体系建设内容

县级海域动态监管能力建设工作主要包括8个方面的内容，其中海域基础数据体系建设是其数据建设的核心部分，且工作内容与海域海籍基础调查有较多相似之处，因此，本部分主要介绍广西壮族自治区级海域基础数据体系建设工作。

9.6.1　海域使用权属数据补充更新

海域使用权属数据补充更新工作内容主要为：2012年实施统一配号之前的海域使用权属数据全部入库、海域使用权登记表等主要附件资料齐全、权属基本信息完整且与登记表一致。具体工作包括历史数据补充录入、问题数据修改更正和权属图形重叠检查，并按照《海域使用权属数据补充更新技术规范》的要求进行数据处理和入库。

9.6.2　公共用海数据收集整理

公共用海数据收集整理工作范围包括公共航道、公共锚地、跨海桥梁、公共码头、公共道路、航标、海洋保护区、倾倒区、排污口、观测平台/浮标、验潮站、海岸整治工程、海岸防护工程、防洪防潮闸、群众渔港、人工鱼礁、科研用海、公共浴场、区域用海规划内的公共设施、其他等20类公共用海，每类公共用海进行2～3项数据内容的收集。

9.6.3　涉海规划和统计数据库建设

涉海规划和统计数据库建设内容包括：各级政府批复的沿海战略规划、海岸带区域的土地利用总体规划、城市总体规划、滨海开发区规划，以及港口、渔业、盐业、旅游、可再生能源等行业发展规划等各项涉海规划的文本、图件、矢量数据等资料与数据，并按照《涉海规划和统计数据收集整理技术规范》进行处理和入库。

9.6.4 海域资源环境数据库建设

以历次海域、海岸带、海域使用现状等调查数据资料为数据源，通过分析、提取、整合，建立海岸带海域资源数据库，收集整理海洋环境监测数据，选取广西海域海水水质、沉积物、入海排污口等环境信息，建立海域环境数据库。

9.6.5 海域基础地理数据完善

收集广西各类岸线数据，包括"908专项"调查数据、大陆自然岸线修测数据和全国第二次土地调查数据中的岸线数据等；收集海岛岸线；补充海岛地名普查成果、海岸带地名注记等基础地理要素，完善海域基础地理数据库。

9.7 海域海籍基础调查成果在县级海域动态监管能力建设工作中的应用及补充

9.7.1 海域海籍基础调查与海域基础数据体系建设的区别和联系

县级海域动态监管能力建设工作主要包括8个方面的内容，其中海域基础数据体系建设工作内容与海域海籍基础调查有相似之处，海域海籍基础调查工作开始于前，其成果和工作方式方法运用到海域基础数据体系建设工作中，为完成该项目工作打下了良好的基础。同时，海域海籍基础调查工作历时三年，海域基础数据体系建设工作处于其中间阶段，海域基础数据体系建设工作完成后海域海籍基础调查工作尚未完成。因此海域基础数据体系建设工作为海域海籍基础调查工作提供了很好的借鉴，其成果也为海域海籍基础调查成果作了很好的补充和完善，具体分别从以下几个方面对两项工作进行阐述。

9.7.1.1 工作目标

广西壮族自治区级海域基础数据体系建设和海域海籍基础调查工作的目标一致，即都是为了加强推进落实节约用海、生态用海的管理要求，进一步扩充完善基础数据内容、破解信息共享壁垒、加大海域大数据挖掘应用，为国家海域动态监管能力的提升提供数据保障，为科学管海、科学用海提供决策支撑。

9.7.1.2　工作流程和方法

为做好海域基础数据体系建设工作，原国家海洋局印发了《海域使用权属数据补充更新技术规范》《公共用海数据收集整理技术规范》《涉海规划和统计数据收集整理技术规范》等技术规范，根据这些规范，海域基础数据体系建设工作具有全国统一的工作流程和技术标准。广西海域海籍基础调查工作经过前期的积累沉淀，并根据国家现有的相关规范标准，自行摸索出一套适用的工作流程和技术方法，编制了《广西海域海籍基础调查工作细则》《广西海域海籍基础调查实施方案》《广西海域海籍基础调查数据库标准》《广西海域海籍基础调查成果检查验收实施细则》《海域调查成果管理办法》等，对广西具有较强的适用性。

9.7.1.3　工作内容

两项工作的相同点是均开展了公共用海数据收集整理和海域使用权属两个方面的工作。海域基础数据体系建设增加了涉海规划和统计数据库建设、海域资源环境数据库建设和海域基础地理数据完善，海域海籍基础调查增加了围海养殖权属调查、海岸线调查和其他利用现状调查。

海域使用权属数据方面，海域基础数据体系建设主要侧重于批复用海项目数据资料的合法合规性，重点审查批复用海数等审批资料是否齐全，是否符合相关规定，是否录入海域动态监管系统等。海域海籍基础调查主要侧重于实际用海情况与批复用海情况的相符性，如实际用海范围是否与批复用海范围一致，实际用海类型和方式是否与批复用海类型和方式一致等。

公共用海数据收集整理方面，海域海籍基础调查工作对于公共用海数据收集整理的范围在国家要求的基础上有所扩展，增加了公共用海类型；国家印发的《公共用海数据收集整理技术规范》中明确了公共用海数据库建设的图层和属性字段；海域海籍基础调查中形成的《广西海域海籍基础调查工作细则》制定了公共用海的分类标准、编码和图式。

9.7.1.4　数据收集方法和来源

海域基础数据体系建设工作来源于国家层面的工作任务，海域海籍基础调查来源于自治区级自行安排和组织的工作。海域基础数据体系建设工作有来自国家层面文件的支持，在公共用海数据收集中，容易拿到交通、海事等部门的权威数据，但数据量较少，而且由于时间紧，难以开展实地调查核实。海域海籍基础调查中公共用海数据，除向相关部门收集外，主要通过实地调查补充，数据较为直接真实。

9.7.2 基于海域海籍基础调查成果的广西海域基础数据体系建设工作亮点

9.7.2.1 扩展公共用海收集范围

根据前文所述，公共用海的类型在国家要求收集14类的基础上，增加了6类，并尝试收集录入国家技术规范中未作要求的未经批准，但具有公共用海属性的这类公共用海数据。最终共收集到公共路桥、保护区、海岸防护工程（海堤）等14种公共用海类型，并根据《公共用海数据收集整理技术规范》建设了数据库文件，包括5个点图层，7个线图层，2个面图层，共631条数据信息。其中，航标、观测平台/浮标、海岸整治工程等3种数据信息源自海域海籍基础调查成果，为广西增设的在海域基础数据体系建设工作中国家未作要求的公共用海类型。

9.7.2.2 发现并试图从技术层面分析项目空间位置偏移原因

海域基础数据体系建设要求对海域使用权属数据进行补充更新，其中一项具体工作为权属图形重叠检查，面对历年批复用海的庞大数据，通过海域海籍基础调查工作成果，迅速筛查出存在图形重叠的目标区域，即项目用海范围坐标发生了空间位置偏移，通过尝试对北京54坐标系、西安80坐标系界址点的转换，厘清项目空间位置偏移原因。

9.7.2.3 丰富了海域基础数据体系建设工作成果

根据《国家海洋局关于印发〈海域基础数据体系建设工作方案〉的通知》（国海管字〔2015〕546号），海域基础数据体系建设工作内容主要包括海域使用权属数据补充更新、公共用海数据收集整理、海域资源环境数据库建设、涉海规划和统计数据库建设、海域基础地理数据库完善等5个方面，但对于海域资源环境数据库建设和海域基础地理数据库完善两项工作内容国家并未作硬性要求。广西利用海域海籍基础调查成果对海域资源环境数据库建设和海域基础地理数据库完善两方面工作内容进行了补充，丰富了海域基础数据体系建设工作的成果。

第10章 海域利用现状分析评价及其优化研究

随着海洋经济的全面发展，人类对海洋的开发利用程度越来越高，如何解决生态、资源和环境之间的矛盾，对海域同人类活动的程度进行分析评价显得尤为重要。利用现状评价是根据评价对象的因素或指标的特征性数据，选择合适的分析手段，提取关键特征信息，综合反映分析对象总体特征的过程。不同的研究领域都会涉及分析评价问题，不同的研究背景和研究内容，应采用对应的评价方法。而对于海域利用现状分析评价，一般根据自然、社会、经济等多方面的属性进行综合评估，按照土地利用现状评价体系的原则，使用相关数理理论构建评估模型，选择适宜的空间分析软件对海域利用情况进行综合评价，为相关部门的进一步评估提供有价值的量化数据。

10.1 海域利用现状分析评价的概念

海域利用现状分析评价主要是在陆海综合调查的基础上，通过公共用海调查、其他利用现状调查等具体项目，对海域自然、社会、经济等多方面的属性进行综合评价，为指导海洋规划、海洋产业生产、海洋管理信息化等各项工作提供基础依据和建议。

10.2 海域利用现状分析评价的理论基础

海域利用现状分析评价是由公共用海调查、其他利用现状调查的工作程序及其方法所组成的综合性分析评价方法，涉及自然科学、社会经济、科学管理等众多领域，研究的对象是由自然环境要素和社会经济要素组成的复杂系统，一般先参考土地利用现状评价体系，然后在具体工作中根据海域调查的实际情况进行调整和优化，其理论基础包括指标权重衡量和综合系数评价两部分。

10.2.1 指标权重衡量的相关理论

某一指标的权重是指该指标在整体评价中的相对重要程度。通过分析决策过程中指标的权重大小或对指标排序，将被评价对象的不同指标的重要程度进行定量描述。按照计算过程及数据来源分为三种类型：主观赋权法、客观赋权法、组合赋权法。

主观赋权法是根据专家（决策者）对各指标主观上的重视程度来确定权重的方法，其原始数据通过专家调查问卷及数据统计获取。常用的主观赋权法有专家调查法（Delphi法）、层次分析法（analytic hierarchy process，AHP）、环比评分法、二项式系数法、最小平方法等（樊治平和赵萱，1997）。主观赋权法是学者使用最早、研究较为成熟的赋权方法，其优点是针对实际的复杂问题，综合多个专家对研究对象的知识经验将各指标按照影响程度进行排序，根据顺序赋予权值。其分析评价结果具有较强的主观性，增加决策分析者的负担，实际应用过程中有很大的局限性。

鉴于主观赋权法的主观局限性，学者提出了客观赋权法，其原始数据由各指标在决策方案中的实际数据组成，其基本思想是：根据原始数据之间的关系通过一定的数学方法来确定权重。其判断结果不依赖于人的主观判断，有较强的数学理论依据。赋权的原始信息来源于客观环境，处理信息的过程是根据各指标的联系程度或各指标的数值来决定权重。如果研究对象的某指标数值均相同，则该指标对决策或排序过程没有影响，其权重应为0；若该指标数值差异较大，则该指标对决策或排序的过程有重要作用，应给予较大的权重。客观赋权法的指标权重根据指标在研究对象中数值的差异大小来确定，差异越大，则该指标的权重越大，反之则越小。

常用的客观赋值法有：主成分分析法、熵值法、离差及均方差法、多目标规划法等。其中熵值法应用最广泛，这种赋权法所使用的数据是决策矩阵，所确定的属性权重反映了属性值的离散程度。客观赋权法的赋权依据来源于客观原始数据，权重的客观性强，方法具有较强的数学理论依据。但是这种赋权法没有考虑专家的专业经验，因此确定的权重可能与实际情况不一致。例如，在实际决策过程中，数值离散程度最大的指标不一定对研究对象具有最大的影响程度，而影响程度最大的指标的数值离散程度不一定最大。而且这种赋权方法依赖实际测量数据，专家的参与程度不高，计算过程一般比较烦琐。

由上述讨论可以看出，主观赋权法考虑决策者的科学经验和专业意见，根据指标本身属性进行权重衡量，但缺乏客观性；而客观赋权法在不考虑指标实际属性含义的情况下，根据实际测量数据确定权重，没有体现决策者对不同指标的重视程度，有时还出现确定的权重与实际重要程度相悖的情况。针对主、客观赋权法各自的优缺点，为兼顾到决策者对指标的偏重，减少主观随意性，增加权重判断的客观性，结合指标数据的内在规律和专家意见对决策指标进行赋权，权重衡量的结果更为合理。这种结合主、客观信息进行评价的组合赋权法逐渐引起重视，并且在各个分析评价领域取得了一些初步的研究成果。

10.2.2　海域使用的数量变化分析

土地资源的数量变化包括土地利用变化的幅度和速度（王思远等，2001）。海域使用变化的幅度是指研究期间用海面积的变化大小；海域使用变化的速度是指单位时间段内用海面积变化的大小。显然，变化幅度=研究末期值-研究初期值。变化速度即动态度则按照如下公式计算：

$$K=\frac{U_b-U_a}{U_a}\times\frac{1}{T}\times100\% \tag{10.1}$$

式中，K 为研究时段内某一用海类型的动态度；U_a、U_b 分别为研究初期及研究末期某一海域使用类型的数量；T 为研究时限，当 T 的时段设为年时，K 值就是该研究区域某种海域使用类型年变化率（王思远等，2001）。

10.2.3　海域使用程度分析

海域作为一种自然资源，包括其作为载体的空间资源、其中的海洋生物资源和底土中的矿产资源等，要全面评估其使用程度相当复杂。但是若从空间上去分析，更多的是关注其水平面利用变化状况和水体空间的利用。这样计算使用程度要简单得多。海域使用程度是对海域资源多方面的利用及对其投入程度的综合。传统的用海更多的是从海域资源中获取生产、生活资料或者仅对其中的某一部分加以利用，如捕捞业仅是从海洋中获取鱼类产品、海上航行仅是利用海域的表层水域，这种用海方式形成的海域使用程度会比较低。但是在科技不断进步的今天，人们不但可以从海域中获取资源，还可以通过培育技术生产更多的资源。本部分用海域使用率和海域使用程度指数来分析海域使用程度变化。

10.2.3.1　海域使用率

海域使用率是已使用的海域面积与总海域面积之比。这个指数仅简单表明当前人类常接触的海域范围和该地区可供利用的后备海域资源的状况。

海域使用率=已使用海域面积/海域总面积×100%

10.2.3.2　海域使用程度指数

根据刘纪远先生等提出的土地利用程度综合分析方法的思想（王思远等，2001；庄玉山和刘纪远，1994），海域使用程度分析方法根据用海方式对其海域自然属性的改变程度给不同类型用海赋予等级指数，等级越高代表使用程度越高，然后乘以此类用海面积占总用海面积的百分比来表示某类型海域使用程度。通过咨询相关专业的老师、专家和海域管理人员等对等级赋予分级指数（表10.1）。

表10.1 海域使用程度分级表

海域使用类型	未使用海域	渔业用海	工业用海	交通运输用海	旅游娱乐用海	海底工程用海	造地工程用海	特殊用海
分级指数	1	3	5	3	2	3	6	2

①未使用海域类，表示人类基本不进行任何开发利用活动，是海域使用等级最低的用海类型，分级指数为1。②旅游娱乐用海与特殊用海（保护区），这两类用海主要是利用海域自然属性来获取经济或非经济价值，旅游娱乐主要利用海域资源的自然景观或自然条件来满足人类需求，保护区主要是利用海域原有的生态系统为人类提供良好生活环境而实现其价值。而较少对海域进行改造投入，分级指数为2。③渔业用海、交通运输用海和海底工程用海。钦州市的渔业用海主要是养殖用海，包括增殖、养殖用海。养殖用海对海域自然属性的改变很小，在这类用海系统中发生了双向的物质与能量交换，分级指数为3。④工业用海，亦是海域非自然生产力使用类，在这一类型中海域的自然景观已大部分发生改变。钦州市的工业用海主要是固体矿业开采用海、船舶工业用海、其他工业用海，而其他工业用海所占比例超过了2/3，即大部分海域自然属性改变较大，海域使用程度相当高，分级指数为5。⑤造地工程用海，主要是利用海域的空间资源而不是其自然生产力。在这一用海类型中，海域使用方式对海域的自然属性影响最大，海域的很多服务功能已丧失，但是海域已变成土地，发挥着居住、交通、生产场所等社会经济功能，海域使用程度最高，分级指数为6。

一个区域的海域使用程度指数可以用下式表示：

$$L_d = 100 \times \sum_{i=1}^{n} A_i \times C_i \qquad L_d = [100,600] \qquad (10.2)$$

式中，L_d是海域使用程度指数；A_i为第i类海域使用程度分级指数；C_i为第i类海域使用面积百分比；n为海域使用程度分级数。

10.3 海域利用现状分析评价的技术方法

10.3.1 指标权重

不同评价指标对海域利用的影响程度不同，在综合评价之前必须确定各指标的权重。层次分析法（AHP）是目前评价土地和海洋等复杂系统较为常用的方法，用数学模型将人的思维过程表述出来，解决复杂因素的决策问题，在全国各地土地利用现状的分析评价中有广泛的应用。

10.3.2　指标权重的确定方法

层次分析法在20世纪70年代中期由美国运筹学家托马斯·塞蒂（T.L.Saaty）正式提出。它是一种定性和定量相结合的、系统化、层次化的分析方法。由于它在处理复杂的决策问题上的实用性和有效性，很快在世界范围得到重视。它的应用已遍及经济计划和管理、能源政策和分配、行为科学、军事指挥、运输、农业、教育、人才、医疗和环境等领域。层次分析法的模型如图10.1所示。

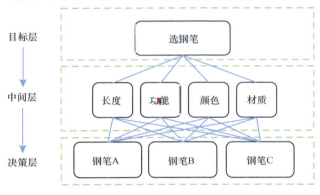

图10.1　层次分析法模型

层次分析法的基本步骤如下。

（1）建立层次结构模型。在深入分析实际问题的基础上，将有关的各个因素按照不同属性自上而下地分解成若干层次，同一层的诸因素从属于上一层的因素或对上层因素有影响，同时又支配下一层的因素或受到下层因素的作用。最上层为目标层，通常只有1个因素，最下层通常为方案或决策层，中间可以有一个或几个层次，通常为准则层或中间层。当准则过多时（如多于9个）应进一步分解出子准则层。

（2）构造成对比较阵。从层次结构模型的第2层开始，对于从属于（或影响）上一层每个因素的同一层诸因素，用成对比较法和1～9比较尺度构造成对比较阵，直到最下层。

（3）计算权向量并进行一致性检验。对于每一个成对比较阵计算最大特征根及对应特征向量，利用一致性指标、随机一致性指标和一致性比率进行一致性检验。若检验通过，特征向量（归一化后）即为权向量；若不通过，需重新构造成对比较阵。

（4）计算组合权向量并进行组合一致性检验。计算最下层对目标的组合权向量，并根据公式进行组合一致性检验，若检验通过，则可按照组合权向量表示的结果进行决策，否则需要重新考虑模型或重新构造一致性比率较大的成对比较阵。

10.4 海域海籍基础调查成果对分析评价研究范围和方法的优化

10.4.1 对分析评价的尺度、范围和对象等进行优化

无论是海域使用普查还是针对特定海域的海籍调查，都是以宗海为单元进行的海域使用权属调查。广西海域海籍基础调查除了海域权属调查之外，还进行公共用海和其他利用现状的调查，评价分析的尺度更大，范围更广，调查内容更为详细全面，使国家和地方管理部门掌握到更为确切的海域利用现状，制定科学合理的相关海洋政策。

公共用海是以社会公共利益为目标使用的海域，涉及非营利性航道、锚地等基础交通设施，来往船舶的通航和停留必然使用公共海域，因此对公共海域的管理和规划是保障地区海域正常发展的基础。然而目前国家尚没有相关公共用海的法律法规文件出台，多数地方海域管理机构也没有统一的管理模式，这导致了国家对公共用海信息的掌握程度不高，难以制定相关海洋政策，因此通过对公共用海及其他海域利用现状的分析评价，提高管理的信息化水平，成为解决上述问题的有效途径。

评价海域利用现状一般首先对现有海域权属和使用类型进行归类整理，但在海洋调查研究的实际工作过程中，除了通过有关部门提供登记在案的权属信息，交通航管、环保、渔业等调查对象在由海岸带向外海推进的海洋研究大趋势下，逐渐受到政府及学者的重视。广西海域海籍基础调查建立了一个统一安全的海籍调查数据库，包括基础地图数据、权属数据、影像数据、海籍调查外业数据等的统一管理和展示平台，并参照国家基础数据体系实施方案中公共用海的调查原则，以事实用海为依据，根据《海籍调查规范》（HY/T 124—2009）、《海域使用分类》（HY/T 123—2009）有关规定界定用海界址。广西海域海籍基础调查项目通过多次实地考察和专家会议研究，根据广西海域的实际情况，对公共用海利用现状的调查，按照交通航管、环保、防灾减灾、渔业、科研、旅游娱乐和其他7个一级分类建立数据库结构。对其他利用现状的调查，按照耕地、园地、林地、草地、商服用地、工矿仓储用地、住宅用地、公共管理与公共服务用地、特殊用地、交通运输用地、水域及水利设施用地、其他土地12个一级分类建立数据库结构。制定的公共用海和其他利用现状的对象数据库结构，除了涵盖主要的用海类型外，更针对广西实际用海情况进行了充分的细化，为全国各省份海籍调查工作的实施开展提供了一系列更实用可靠的解决方案。

10.4.2　对分析评价计算方法的简化

目前，广西已经拥有部分海籍数据，但仍缺乏统一的数据管理和数据更新维护体系，造成基础数据不全，数据规格不统一，对海域使用现状的分析评价常常需要反复的整理。因此，建立一套统一的海籍数据及管理系统迫在眉睫。广西海域海籍基础调查项目的海籍资料动态核查软件工具开发及海籍资料与数据整合项目建设是在计算机软硬件及网络环境支撑下，通过建立广西统一的海籍数据标准与规范体系，对数据资料进行整合，在此基础上，集成广西壮族自治区海洋研究院已有的基础地理信息数据，并通过海籍资源管理平台实现数据的统一管理与维护。系统采用Ribbon风格进行界面设计，分为功能区、图层管理区、地图操作区、地图展示区，界面如图10.2所示。

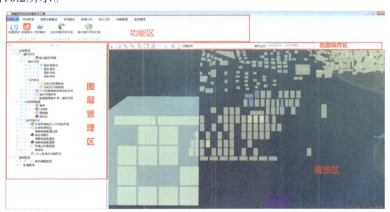

图10.2　系统功能界面

10.4.2.1　信息检索功能

因为分析评价的过程涉及大量反复的查询和计算，系统设计了丰富实用的信息检索功能，包括快捷查询、高级查询、专项查询。

1. 快捷查询

按项目名称查询：在"功能区"中点击"按项目名称查询"按钮后，弹出"查询列表"窗口居于右侧，在输入框 请输入项目名称 [项目 　　　　] 中输入关键字后，点击" 搜索 "按钮进行搜索。

按证书编号查询：在"功能区"中点击"按证书编号查询"按钮后，弹出"查询列表"窗口居于右侧，在输入框 请输入证书编号 [　　　　　] 中输入关键字后，点击" 搜索 "按钮进行搜索。

按领证人查询：在"功能区"中点击"按领证人查询"按钮后，弹出"查询列表"窗口居于右侧，在输入框 请输入申请人 [   ] 中输入关键字后，点击" 搜索 "按钮进行搜索。

按用海类型查询：在"功能区"中点击"按用海类型查询"按钮后，弹出"查询列表"窗口居于右侧，在选择框"用海类型A [渔业用海 ▼] 用海类型B [全部 ▼]"中选择后，点击" 搜索 "按钮进行搜索。

按用海方式查询：在"功能区"中点击"按用海方式查询"按钮后，弹出"查询列表"窗口居于右侧，在选择框"用海方式A [构筑物 ▼] 用海方式B [全部 ▼]"中选择后，点击" 搜索 "按钮进行搜索。

按数据状态查询：在"功能区"中点击"按数据状态查询"按钮后，弹出"查询列表"窗口居于右侧，在选择框" 数据状态 [申请 ▼] "中进行选择后，点击" 搜索 "按钮进行搜索。

按配号日期查询：在"功能区"中点击"按配号日期查询"按钮后，弹出"查询列表"窗口居于右侧，在日期选择框" 配号日期 [选择日期 📅] [选择日期 📅] "中选择起始日期和终止日期后，点击" 搜索 "按钮进行搜索。

2. 高级查询

在"功能区"中点击"高级查询"按钮后，弹出高级查询条件窗口，输入具体查询条件后，点击" 查询 "按钮后，在"查询列表"中显示符合条件的记录（图10.3）。

3. 专项查询

保护区查询：在"功能区"中点击" 保护区查询 "按钮后，弹出"查询列表"窗口居于右侧，在输入框" 输入查找关键字 [   ] "中输入关键字后，点击" 搜索 "按钮进行查询，查询结果呈现于"查询列表"中，单击"查询列表"中的记录可进行定位。

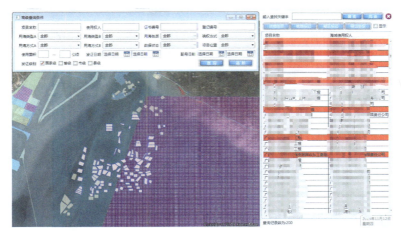

图10.3　高级查询

红树林查询：在"功能区"中点击""按钮后，弹出"查询列表"窗口居于右侧，在输入框"输入查找关键字 [   ]"中输入关键字后，点击"搜索"按钮进行查询，查询结果呈现于"查询列表"中，单击"查询列表"中的记录可进行定位。

珊瑚礁查询：在"功能区"中点击"珊瑚礁查询"按钮后，弹出"查询列表"窗口居于右侧，在输入框"输入查找关键字 [   ]"中输入关键字后，点击"搜索"按钮进行查询，查询结果呈现于"查询列表"中，单击"查询列表"中的记录可进行定位。

临时用海查询：在"功能区"中点击"临时用海查询"按钮后，弹出"查询列表"窗口居于右侧，在输入框"输入查找关键字 [   ]"中输入关键字后，点击"搜索"按钮进行查询，查询结果呈现于"查询列表"中，单击"查询列表"中的记录可进行定位。

区域规划查询：在"功能区"中点击"区域规划查询"按钮后，弹出"查询列表"窗口居于右侧，在输入框"输入查找关键字 [   ]"中输入关键字后，点击"搜索"按钮进行查询，查询结果呈现于"查询列表"中，单击"查询列表"中的记录可进行定位。

公共设施查询：在"功能区"中点击"  公共设施查询 "按钮后，弹出"查询列表"窗口居于右侧，在输入框" 输入查找关键字 ⬚ "中输入关键字后，点击" 搜索 "按钮进行查询，查询结果呈现于"查询列表"中，单击"查询列表"中的记录可进行定位。

其他资源查询：在"功能区"中点击" 其他资源查询 "按钮后，弹出"查询列表"窗口居于右侧，在输入框" 输入查找关键字 ⬚ "中输入关键字后，点击" 搜索 "按钮进行查询，查询结果呈现于"查询列表"中，单击"查询列表"中的记录可进行定位。

10.4.2.2　数据分析功能

在完成数据的收集录入之后，对数据的具体分析需要人力、物力形成分析报告，系统设计了简洁快速的数据分析功能，包括疑点疑区分析、用海分析、缓冲区分析、影像对比分析、演变分析、预检分析。

1. 疑点疑区分析

在"功能区"中点击" 疑点疑区分析 "按钮后，弹出"分析结果"窗口居于右侧，在选择框" 选择分析图层 申请 ▼ "中选择要进行分析的图层后，点击" 分析 "按钮进行分析，查询结果呈现于"分析结果列表"中，单击"分析结果列表"中的记录可进行定位、导出分析报告、移为疑点疑区操作，如图10.4所示。

图10.4　疑点疑区分析

2. 用海分析

在选中要进行用海分析的图斑的前提下在"功能区"中点击" 用海分析 "按钮后，弹出"分析结果"窗口，包括分析结果及周边情况，如图10.5所示。

图10.5　用海分析结果

3. 缓冲区分析

在"功能区"中点击" 缓冲区分析 "安钮后，弹出"缓冲区分析"窗口，点击" 从地图拾取 "后，在地图中点击选取中心点坐标，在缓冲区半径输入框" 输入缓冲半径　　1000　　米 "中输入缓冲区半径，点击" 分析 "按钮，进行分析，弹出分析结果窗口，双击分析结果窗口中的数字，则弹出"记录列表"窗口居于右侧，如图10.6所示。

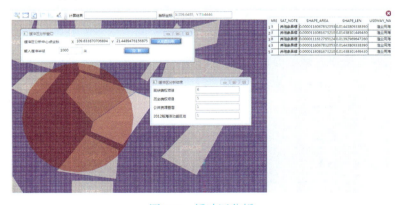

图10.6　缓冲区分析

4. 影像对比分析

在"功能区"中点击"影像对比分析"按钮后,弹出"影像对比分析"窗口,在选择框中选择分析影像以及参考影像后,点击"　确　定　"按钮后,在地图窗口中按鼠标左键则出现卷帘线,可根据卷帘线进行上下或者左右拖动来进行影像对比分析,可双击数据集列表中的图层来添加图层,添加的图层可通过图层管理器控制是否显示,同时在分析后如需要绘制疑点疑区,则可点击"新增疑点疑区"按钮进行疑点疑区的添加,如图10.7所示。

图10.7　影响对比分析

5. 演变分析

在"功能区"中点击"演变分析"按钮后,弹出"演变分析"窗口,在选择框中选择要进行演变分析的用海类型、用海方式、时间以及演变方式和速度后,点击"　开　始　"按钮,则系统在地图中以所选择的速度对所选确权数据按时间进行高亮变化动态演示,在动态演示过程中,可进行暂停,如图10.8所示。

6. 预检分析

在选中要进行预检分析的图斑的前提下在"功能区"中点击"预检分析"按钮后,弹出"分析结果"窗口,包括完整性检查及用海分析结果,如图10.9所示。

图10.8　演变分析

图10.9　预检分析

10.4.2.3　统计分析功能

统计分析

在"功能区"中点击"　　　　"按钮后，弹出"统计分析"窗口，选择统计方式、统计类型和统计图表类型后，点击"　统　计　"按钮，系统以图表方式对统计结果进行展示，如图10.10所示。

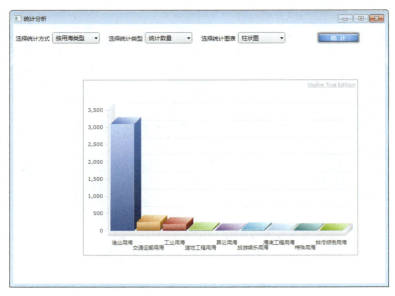

图10.10　统计分析

10.4.2.4　数据字典管理

在"功能区"中点击" 用海类型字典管理 "按钮后，弹出"用海类型字典管理"窗口，可对用海类型字典进行增、删、查操作，如图10.11所示。

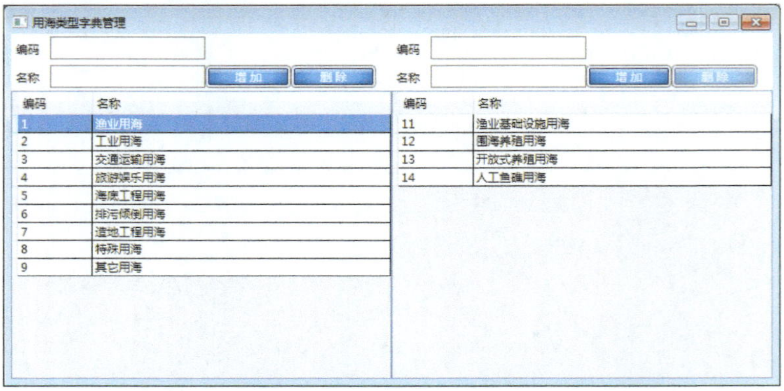

图10.11　用海类型字典管理

在"功能区"中点击"用海方式字典管理"按钮后，弹出"用海方式字典管理"窗口，可对用海方式字典进行增、删、查操作，如图10.12所示。

图10.12　用海方式字典管理

第11章 陆海统筹国土空间规划体系的探索应用

11.1 国土空间规划的提出

11.1.1 从"多规合一"到"国土空间规划"

11.1.1.1 多规合一

2013年12月,中央城镇化工作会议提出,积极推进市、县规划体制改革,探索能够实现"多规合一"的方式方法。

2014年3月,《国家新型城镇化规划(2014—2020年)》要求,推动有条件地区的经济社会发展总体规划、城市规划、土地利用规划等"多规合一"。

2014年8月,国家发展和改委委员会、国土资源部、环境保护部和住建部联合下发《关于开展市县"多规合一"试点工作的通知》,部署在全国28个市、县开展"多规合一"试点。

"十三五"规划提出,"建立国家空间规划体系,以主体功能区规划为基础统筹各类空间性规划,推进'多规合一'"。无论是地方自发尝试还是国家部委部署的"多规合一"试点,仍然主要针对各类规划重叠冲突、部门职责交叉重复问题,着眼于提高行政管理效能。

11.1.1.2 国土空间规划

中央文件层面首提空间规划是2013年的中共十八届三中全会《中共中央关于全面深化改革若干重大问题的决定》,即"建立空间规划体系,划定生产、生活、生态开发管制边界,落实用途管制"。这一提法借鉴了欧洲国家的规划术语,同时也避开了我国主体功能区规划、城乡规划、国土规划的主次之争。

随着十八大以来生态文明建设日益受到重视,强化国土空间源头保护和用途管制摆到了生态文明制度建设的重要地位,"多规合一"改革逐步纳入了生态文明体制改革范畴。

2015年4月,《中共中央国务院关于加快推进生态文明建设的意见》提出,"国土是生态文明建设的空间载体。要坚定不移地实施主体功能区战略,健全空间规划体系，科学合理布局和整治生产空间、生活空间、生态空间"。

同年9月，中共中央、国务院印发了《生态文明体制改革总体方案》，强调"整合目前各部门分头编制的各类空间性规划，编制统一的空间规划，实现规划全覆盖"；"支持市县推进'多规合一'，统一编制市县空间规划，逐步形成一个市县一个规划、一张蓝图"。

随着《深化党和国家机构改革方案》决定"组建自然资源部"，并赋予其"建立空间规划体系并监督实施"的重要职责，《中共中央关于深化党和国家机构改革的决定》明确要求"强化国土空间规划对各专项规划的指导约束作用"，纷纷扰扰达数年之久的"多规合一"最终定于国土空间规划。

《中共中央 国务院关于建立国土空间规划体系并监督实施的若干意见》（中发〔2019〕18号）（简称《意见》）指出：国土空间规划是对一定区域国土空间开发保护在空间和时间上作出的安排，包括总体规划、详细规划和相关专项规划。

11.1.2　国土空间规划体系下的涉海规划

我国原海洋空间规划体系主要包括海洋主体功能区规划、海洋功能区划及海岛保护规划、海岸带综合保护和利用规划等涉海规划。根据《意见》提出，建立国土空间规划体系并监督实施，将主体功能区规划、土地利用规划、城乡规划等空间规划融合为统一的国土空间规划，实现"多规合一"，强化国土空间规划对各专项规划的指导约束作用。海岸带、自然保护地等专项规划及跨行政区域或流域的国土空间规划，由所在区域或上一级自然资源主管部门牵头组织编制，报同级政府审批。在当前国土空间规划体系框架下，涉海规划有了较大的变化，将原有的海洋主体功能区规划、海洋功能区划及海岛保护规划的核心内容作为海洋专题内容融入国土空间规划中，并习惯将融入国土空间规划中的海洋专题内容的规划称为海洋国土空间规划；海岸带专项规划是国土空间规划体系下海洋领域唯一的专项规划。即国土空间规划体系框架下，涉海规划主要包括海洋国土空间规划和海岸带专项规划。

在当前国土空间规划体系下，为做好省级涉海规划，首先应了解什么是海洋国土空间规划和海岸带规划；其次应明确海洋国土空间规划和海岸带规划的核心内容；此外，还应理清海洋国土空间规划与海岸带规划之间的关系。

11.2　陆海统筹视角下的海洋国土空间规划

海洋国土空间规划是国土空间规划的组成部分，海洋国土空间规划就是根据国民经济和社会发展总体方向与目标要求，按规定程序制定的海洋国土空间合理布局和开发利用方向的战略、规划或政策，以达到强化海洋空间管制、提升空间效率、优化空间结构等国家目标。海洋空间规划既包括海域空间资源的利用，也涉及海洋油气、海水利用、围填海区布局等问题，是陆海资源统筹利用的核心内容。

笔者归纳总结出海洋国土空间规划重点研究的内容主要有以下几个方面。

11.2.1 "两空间内部一红线"

自然资源部按照中央关于建立国土空间规划体系、划定并严守生态保护红线的有关要求，在已有实践基础上，明确提出将海洋国土空间划分为"两空间内部一红线"，即海洋生态空间和海洋开发利用空间，海洋生态空间内划定海洋生态保护红线，并在各级各类国土空间规划中落实。考虑到无居民海岛及其周边海域生态系统的特殊性，将无居民海岛以清单方式逐岛（岛群）划定"两空间内部一红线"，将领海基点所在海岛及领海基点保护范围内海岛、国防用途海岛、自然保护区内海岛以及具有珍稀濒危野生动植物及栖息地、重要自然遗迹等特殊保护价值的无居民海岛划入生态保护红线。

海域"两空间一红线"格局的确定需以海洋主体功能区划为指导，以海洋功能区划为主体，以双评价结果为基础，承接海洋生态红线调整成果，综合国家及各级政府对规划区的定位要求等，科学合理谋划。海岛"两空间一红线"格局的确定以海岛保护规划为基础，综合历年海岛统计调查成果、海岛周边海域生态资源调查成果、重大项目用岛计划等，科学合理界定。

11.2.2 海岛分类与管控体系

海洋国土空间规划要明确海岛分类和管控体系，"两空间内部一红线"将海岛划分为生态空间海岛和开发利用海岛两类，其中生态空间海岛包括在生态红线范围内的海岛，即严格保护海岛，以及一般生态海岛。严格保护海岛包括领海基点所在海岛及领海基点保护范围内海岛、国防用途海岛、自然保护区内海岛以及具有珍稀濒危野生动植物及栖息地、重要自然遗迹等特殊保护价值的无居民海岛。一般生态海岛包括：一是自然保护区试验区、海洋特别保护区的生态与资源恢复区和适度利用区内的海岛，红线外其他需要保护修复的海岛以及对完善本区域生态格局、提升本区域生态功能具有重要作用的海岛；二是国防用途海岛；三是周边3.5n mile海域内有重要渔业作业区的海岛。

开发利用海岛在自治区一级不做具体用途划分，市、县级规划明确用途，分为旅游娱乐用岛、交通运输用岛、工业仓储用岛、渔业用岛、农林牧业用岛、可再生能源用岛、城乡建设用岛、公共服务用岛8类用途和一类留白海岛。生态空间海岛中，生态红线内海岛原则上禁止开发；一般生态海岛限制开发。开发利用海岛允许适度开发，同时加强有效管控，预留后备发展空间。

11.2.3　主体功能区划

国土空间规划的主体功能区划，覆盖省级行政辖区全部和管理海域国土空间，省级国土空间规划在确定各个沿海县（市、区）的主体功能区定位时，要统筹考虑当地陆地和海洋空间开发保护要求，根据陆海统筹、保护优先、实事求是的原则，科学确定主体功能区。《省级国土空间规划编制指南（试行）》中明确了依据资源环境承载能力和国土空间开发适宜性评价结果，并根据一定的协调规则确定沿海县（市、区）主体功能区定位。

11.2.4　国土综合整治与生态修复

针对现状生态问题，围绕加强海岸带侵蚀和海水入侵防护、海湾及河口环境综合治理、沙滩综合整治与养护、近岸海域和海岛生态修复等方面，提出导向性的重大修复方向，保障围填海历史遗留问题中的生态保护修复需求，明确重点修复工程和修复区域，形成海岛海岸带综合整治格局。

11.2.5　规划的核心指标体系

根据《省级国土空间规划编制指南（试行）》，涉及海洋的指标有2项，分别为自然岸线保有率和海水养殖用海区面积，其中自然岸线保有率为约束性指标，海水养殖用海区面积为预期性指标。广西可根据实际和管控需求，构建一到两个特色指标，如单位岸线产值、红树林面积保有量等。

11.3　海岸带专项规划

海岸带专项规划编制工作起步晚于国土空间规划，目前也还未全面铺开，国家正在编制《全国海岸带综合保护利用规划》，部分省份也在积极探索编制，浙江和山东为开展试点的省份。因此，海岸带专项规划目前还处于探索阶段，未有明确的指导编制的文件出台，广西目前也处于探索编制阶段。

根据《自然资源部办公厅关于开展海岸带综合保护与利用规划编制试点工作的指导意见》（征求意见稿），海岸带规划是国土空间规划体系下的专项规划，是对国土空间规划在海岸带区域针对特定问题的细化、深化和补充，指导和约束相关行业规划，并与区域规划和相关专项规划保持同为衔接。同时，自然资源部《对十三届全国人大三次会议第8511号建议的答复》中提到，当前正在推进全国国土空间规划纲要编制工作，下一步将编制实施海岸带综合保护利用规划，就节约集约利用陆海空间资源、统一构建陆海生态安全屏障、统筹优化陆海生产空间布局、协同提升陆海生活空间品质作出科学合理安排,推动海岸带地区高质量发展。

笔者归纳总结出海岸带专项规划重点研究的内容主要有以下几个方面。

11.3.1 海岸线分类分段管控

根据《海岸线保护与利用管理办法》,国家对海岸线实施分类保护与利用。根据海岸线自然资源条件和开发程度,分为严格保护、限制开发和优化利用三个类别。明确海岸线分类分段管控及目标是海岸带专项规划中较为重要的一项内容。严格保护岸线为自然形态保持完好、生态功能与资源价值显著的自然岸线,主要包括优质沙滩、典型地质地貌景观、重要滨海湿地、红树林、珊瑚礁等岸段,按照生态保护红线要求管理。限制开发岸线为自然形态保持基本完整、生态功能与资源价值较好、开发利用程度较低的岸段,以保护修复生态环境为主,为未来发展预留空间,控制开发强度。优化利用岸线为人工化程度较高、海岸防护与开发利用条件较好的岸段,资源利用向绿色化、生态化转变,提高生态门槛和产业准入门槛。

11.3.2 海域空间功能分区

在省级国土空间总体规划中,统筹划定"两空间内部一红线"和主体功能区划,确定了各类国土空间保护和开发总体格局,海岸带保护利用专项规划作为国土空间规划在海岸带区域针对特定问题的细化、深化和补充的专项规划,应在国土空间总体规划确定的空间保护和开发利用总体布局的基础上细化海域空间功能分区。在省级海岸带保护利用专项规划中,应依据总体规划确定的空间格局、功能分区和用途分类,细化海域空间功能分区和各功能区的具体管控要求,并以清单方式细化无居民海岛的保护及利用要求。同时,针对陆海统筹中存在的突出问题,提出陆海空间保护和开发管控措施,并对需要在省级层面统筹考虑的重点行业进行用海作业安排。

11.3.3 海岸带保护修复

实施海岸带系统性整体性保护与修复,安排省级的生态系统保护和修复重大工程、生态系统修复、海岸线修复、海岛修复、渔业资源修复、海洋珍稀濒危物种保护。

第12章 总结与展望

12.1 总 结

中国共产党第十八次全国代表大会提出"建设海洋强国"战略，加快了我国海洋工作的开展。习近平总书记在主持中央政治局集体学习时指出，建设海洋强国是中国特色社会主义事业的重要组成部分，建设海洋强国，要坚持陆海统筹，海洋工作要推动海洋经济向质量效益型转变，海洋开发方式向循环利用型转变，海洋科技向创新引领型转变，海洋维权向统筹兼顾型转变。

广西是我国西部地区唯一的沿海省（区），随着海洋经济的快速发展，海域资源约束趋紧，行业用海矛盾日益突出；海域使用管理实践中出现"批、用"不一致，存在数据录入不全、已批项目用海范围重叠、坐标系不统一等问题，影响了海域行政审批效率。

为全面摸清广西海域资源"家底"，200余名技术人员历时三年，全面完成了海域使用权属调查和海域空间资源调查，调查总面积达7000km^2，在一定程度上打破了管理部门间的信息壁垒，对调查成果进行了信息化建设，为广西海域使用管理工作提供基础数据，为后续海域利用管理研究起到了抛砖引玉的作用。主要表现在如下方面。

一是通过广泛运用3S技术、大地测量学和无人机技术等基本理论和方法，构建了一套海域空间资源调查和海域权属调查工作体系与方法，利用遥感技术具有即时成像、实时传输、快速处理和周期性地观测获取地物遥感信息的能力，实现了及时提供准确的大范围现状调查数据，直观也判读地面物体特性，同时把全球定位系统、遥感技术获取的丰富的地物信息再传输给地理信息系统，使地理信息系统数据库得到了及时更新，实现了空间数据和属性数据的统一管理。摸清了广西海域资源家底，填补了广西海洋资源、海域使用现状等多方面的数据空白。

二是海域海籍基础调查工作为各类海洋专项工作打下了坚实的基础，成果得到了更新与发展，广泛运用于广西海域使用动态监视监测、县级动态监管能力建设、围填海现状调查、海岸线年度调查和修测等工作当中，并通过该类专项工作与海域海籍基础调查成果进行梳理和整合，互相校正、相互补充、修改完善。一方面海域海籍基础调查成果为各类专项工作打下了很好的基础，做好了前置工作；另一方面各类专项工作充实了海域海籍基础调查成果，数据库建设得到了发展，并且为智慧海洋、海洋防灾减灾等海洋大数据分析提供了数据基础。为开展海域利用现状分析评价、国土空间规划、海洋生态文明建设和陆海统筹自然资源管理等海洋科学研究提供了基础资料。

12.2 展 望

2014～2017年三年时间，专项工作组在《广西壮族自治区海洋功能区划（2011—2020年）》明确的区划范围内，对全海域全覆盖的海域利用现状调查工作进行了有限的应用研究和实践研究，其成果服务于海域动态监管、围填海现状调查和县级动态监管能力建设等海域管理工作。未来希望可围绕海洋综合管理信息化、海洋经济发展、规划编制、提升海洋综合管控能力等方面展开更加深入的研究和实践，以期为提高广西海域管控能力提供更多数据支撑和技术保障。

参 考 文 献

陈瑞, 周颂, 郝华东, 等. 2018. 谈无人机遥感技术的发展与应用. 山西建筑, 44(1): 196-197.

程效军, 鲍峰, 顾孝烈. 2016. 测量学. 5版. 上海: 同济大学出版社.

楚玉山, 刘纪远. 1994. 西藏自治区土地利用. 北京: 科学出版社.

樊治平, 赵萱. 1997. 多属性决策中权重确定的主客观赋权法[J]. 决策与决策支持系统, 7(4): 87-91.

雷利元, 席小慧, 龚艳君, 等. 2011. 3S技术在辽宁省海域使用现状调查中的应用. 水产科学, 30(2): 122-124.

李覃. 2011. 广西908专项成果及应用展望. 南方国土资源, 6.

刘百桥, 赵建华. 2014. 海域动态遥感监测业务体系设计研究. 海洋开发与管理, (5): 8-11.

刘诗平. 2018. 围填海督察全覆盖: 坚决打好海洋生态保卫战. http://www.xinhuanet.com/2018-07/13/c_1123123901.htm[2020-12-2].

吕厚谊. 1998. 无人机发展与无人机技术. 世界科技研究与发展, (6): 113-116.

强真, 杜舰, 吴尚昆. 2007. 我国城市建设用地利用效益评价. 中国人口·资源与环境, 1(1): 92-95.

王厚军, 丁宁, 赵建华, 等. 2017. 海域动态监视监测业务分析研究. 海洋开发与管理, (1): 39-41.

王森, 李蛟龙, 江文斌. 2012. 海域使用权分层确权及其协调机制研究. 中国渔业经济, (2): 37-42.

王思远, 刘纪远, 张增祥, 等. 2001. 中国土地利用时空特征分析. 地理学报, 56(6): 631-639.

叶敏婷, 王仰麟, 彭建, 等. 2008. 深圳市土地利用效益变化及其区域分异. 资源科学, 30(3): 401-408.

翟伟康, 田洪军, 郑芳媛. 2014. 全国公共用海信息管理现状及对策探讨. 海洋开发与管理, (8): 27-29.

张宏声. 2004. 海域使用管理指南. 北京: 海洋出版社.

张旺锋, 林志明. 2009. 兰州市城市土地利用效益评价. 西北师范大学学报(自然科学版), 45(5): 99-103.

张云傲. 2015. 河北省海籍调查数据库系统建设. 武汉: 中国地质大学硕士学位论文.

张则飞, 蒋婵娟, 陈培雄. 2015. 浙江省海洋空间资源调查必要性研究报告. 海洋开发与管理, 9: 62-65.

赵东军. 2008. 摸清土地"家底"科学规划用地——浅谈广西开展第二次全国土地调查的重大意义. 南方国土资源, (4): 27-28.